给孩子的计算思维书

图形化编程及数学素养课

进阶篇

■ 昶爸 著

人民邮电出版社

北京

图书在版编目（CIP）数据

给孩子的计算思维书：图形化编程及数学素养课：
进阶篇 / 昍爸著. -- 北京：人民邮电出版社，2023.5
ISBN 978-7-115-61213-7

Ⅰ. ①给… Ⅱ. ①昍… Ⅲ. ①程序设计－少儿读物
Ⅳ. ①TP311.1-49

中国国家版本馆CIP数据核字(2023)第035900号

内 容 提 要

本套书通过学习编程的形式培养计算思维，并将数学融入其中，分为基础篇和进阶篇。本书为进阶篇，进一步提升学习难度，通过编程启发思考，从而锻炼与提高孩子的计算思维能力。书中特别设计"数学小知识"栏目，讲述相关的数学知识，包括概率、斐波那契数列、指数、素数、最小公倍数、最大公约数等。与其他图形化编程图书相比，本书有两大特点：一是数学与图形化编程的深度融合，二是计算思维在图形化编程中的无形渗透。同时，本书配有编程项目文件，可供孩子下载学习及实践。本书可以系统地培养并提高孩子的计算思维能力与数学素养，孩子未来可轻松地切换到其他程序设计语言的学习。

♦ 著　　　　昍　爸
责任编辑　周　璇
责任印制　马振武

♦ 人民邮电出版社出版发行　　北京市丰台区成寿寺路 11 号
邮编　100164　　电子邮件　315@ptpress.com.cn
网址　https://www.ptpress.com.cn
雅迪云印（天津）科技有限公司印刷

♦ 开本：787×1092　1/16
印张：7.5　　　　　　　　　2023 年 5 月第 1 版
字数：140 千字　　　　　　　2023 年 5 月天津第 1 次印刷

定价：69.80 元

读者服务热线：(010)81055493　印装质量热线：(010)81055316
反盗版热线：(010)81055315
广告经营许可证：京东市监广登字 20170147 号

寄语

　　要成为信息社会的"主人"，计算思维是不可或缺的。计算思维是确切地表达问题并按规定的步骤有效解决问题的思维过程，也就是创造和改进算法的思维。算法一般要通过执行程序来实现，因此编程能力是计算思维的重要组成部分。编程语言有很多种，最适合青少年初学者的编程语言是麻省理工学院开发的Scratch，使用者通过类似搭积木的方式编程，将形象思维和逻辑思维有机地结合在一起，既直观又有趣，有助于激发孩子们的创造力和想象力。目前全球有6000万以上的儿童在使用Scratch或类似的图形化编程工具。

　　张国强（笔名旸爸）是我在中科院计算所指导的博士，近两年他出版了几本很受欢迎的关于数学思维的科普书，其中《给孩子的数学思维课》（即"中国科学家爸爸思维训练丛书"之一）入选2020年度全国优秀科学普及作品。他的这套新书不同于其他介绍Scratch语言的工具书，他将计算思维无缝地结合在编程实践中，通过二十几个有趣的游戏或智力作业，将数学和计算机科学中的基本概念，如最大公约数、素数、排序、二分查找、逻辑运算、递归思维等，启发式地引入读者的思维之中。如果把编程仅仅看成一堆死板的规则，只会使学习者厌倦，而这套书是通过编程训练来培养孩子的计算思维，可使孩子受益无穷。

　　爱因斯坦说过："兴趣是最好的老师。"培养计算思维不能靠填鸭式的灌输，而是要由浅入深地启发。学习编程并不是一件枯燥的事，而是一件新奇有趣的事。这本引人入胜的科普书一定会激励更多中小学生甚至成年人进入计算机科学与技术的乐园。希望本书像《给孩子的数学思维课》一样获得广大读者的青睐。

中国工程院院士　李国杰

2022年1月29日

前言

不搞信息学奥赛，为什么还要学编程？

在我策划和写作本书的时候，有许多家长问："孩子到底要不要学编程？"虽然人工智能已经渐渐普及，但依然有大量的家长并不知道要不要让孩子学编程，也不知道该怎么学。部分家长的心态很现实："学编程能带给孩子什么，特别是，能不能对升学有帮助？"

在编程逐渐普及的过程中，出现了两种不同的声音。一种是编程对数学基础要求很高，数学基础不好，编程也肯定学不好；另一种是无论谁都可以从编程学习中获益，编程并不需要太好的数学基础。

那么，到底哪一种是对的呢？下面8个问题的回答将为大家释疑。

问题1：编程＝信息学奥赛？

产生上面不同声音的一大原因是许多人在信息学奥赛（全称为全国青少年信息学奥林匹克竞赛）和编程之间画上了等号，但显然这是不正确的。信息学奥赛只是编程的一个小子集。这就跟我们所有人都要学数学，但只有极少数人会去参加数学奥赛是一个道理。

在编程门槛日益降低的当下，一般的编程只需要一定的逻辑思维能力即可。大部分的核心算法和框架都是现成的，普通的编程人员只要按需将它们组装起来就能实现某个特定的功能。所以，千万不要把程序员的职业想得有多"高大上"，大部分程序员只是代码的搬运工和组装者。但参加信息学奥赛则不同，参赛者需要非常强的数学能力、问题分析能力和问题解决能力。即便是一名拥有多年工作经验的老程序员，在面对信息学奥赛的问题时，解答不出来也是很正常的。

问题2：编程是什么？

信息学奥赛是不是编程？是！

孩子组装个机器人、搭个积木是不是编程？也是！

这好比是问：100以内的加减法是不是数学？费马大定理是不是数学？它们当然都是数学！

所以，编程到底是什么呢？

编程的目的是让计算机帮助人类解决问题。为了使计算机能够理解人的意图，人类就必须将需要解决的问题的思路、方法和手段通过计算机能够理解的形式告诉计算机，使得计算机能够根据人给出的指令一步一步地去完成某项特定任务。这种人和计算机之间交流的过程就是编程。

编程的难易主要取决于两个方面：一是程序设计语言的友好性，二是所要解决问题的难度。其中，起决定性作用的是后者。从最早的机器语言到汇编语言，再到高级语言，再到现在的图形化编程语言，程序设计的语法已经变得越来越友好了。但无论用哪种编程语言，能写出可以解决"八皇后问题"的程序的程序员还真不多（"八皇后问题"在本套书的基础篇第6章介绍）。

这就好比英国人觉得法语要比中文容易学。但不管怎样，只要肯学，学会一门语言并能与人交流并不是太难的事，但要用这门语言创作一首诗歌或一篇小说，则要难得多。

问题3：为什么信息学奥赛如此受关注？

信息学奥赛是与数学奥赛、物理奥赛、化学奥赛和生物奥赛并列的五大学科奥赛之一。

目前国内面向青少年的信息学奥赛，从难度与规模来说，分为下面4个阶段。

• 省级考试：CSP-J/S

CSP是非专业级计算机软件能力认证标准，分为CSP-J（入门级，Junior）和CSP-S（提高级，Senior），均涉及算法和编程。每年的9月初赛，形式为笔试；10月复赛，形式为机考。

• 省选级考试：NOIP

全国青少年信息学奥林匹克联赛（NOIP）自1995年至今（除2019年外），每年由中国计算机学会（CCF）统一组织。NOIP在同一时间、不同地点以各省市为单位由特派员组织考试，全国统一大纲、统一试卷。高中或其他中等专业学校的学生可报名参加联赛。联赛分初赛和复赛两个阶段。初赛考查通用和实用的计算机科学知识，以笔试为主。复赛考查程序设计能力，须在计算机上调试完成程序设计。联赛分普及组和提高组两个组别，难度不同。

2019年8月，CCF发布公告称NOIP从2019年起暂停。在暂停NOIP比赛后，CCF在同年8月23日宣布举办CSP-J/S非专业级软件能力认证活动。2020年9月，CCF发布通知恢复举办NOIP，并指出：凡是在由CCF认定的国内国际程序设计竞赛中或能力认证（CSP-S）活动中取得优秀成绩的学生可以获得NOIP的参赛资格；学生也可以通过CCF认可的指导教师的推荐获得NOIP的参赛资格，但推荐人数有限，大部分的学生如果想要参加NOIP，还是要先通过CSP-S。

通知中还指出：参加NOIP是参加NOI（全国青少年信息学奥林匹克竞赛）的必要条件，不参加NOIP将不具有参加NOI的资格。因此，可以认为CSP-S是NOIP的选拔赛，NOIP是考生参加NOI的必要条件。

- **全国级比赛：NOI**

NOI即全国青少年信息学奥林匹克竞赛，是面向初、高中或其他中等专业学校学生的全国性质的编程最高级别比赛。每年在NOI中取得优异成绩的学生可以进入国家集训队（50名）。

- **国际级中学生比赛：IOI**

IOI（国际信息学奥林匹克竞赛）是面向全世界中学生的一年一度的信息学学科竞赛，每个国家最多可选派4名选手参加。

问题4：编程和数学到底是什么关系？

这取决于学编程的目的。

如果就是想参加信息学奥赛学编程，那编程与数学绝对是强相关。因为信息学奥赛本身承载了选拔的重任，而数学能力是最基础的。具体地说，信息学奥赛主要涉及离散数学的内容，知识点涵盖计数、数论、集合论、图论、数理逻辑、离散概率、矩阵运算等。思维和方法方面，对递归和分治的要求比较高。当然，除了数学能力，信息学奥赛还对阅读理解、问题分解、编码与调试等一系列综合能力有一定的要求。

那如果不参加信息学奥赛？编程和数学就没有那么强相关，有些时候甚至可以说是弱相关。现在编程的门槛越来越低，有些编程工作其实只是简单地做了些功能的调用。程序员懂一些基本的编程语法，会阅读接口的说明书，就能实现一些很有用的功能了。要求稍高一点的，需要自己原创一些代码，这时对逻辑思维能力和抽象能力的要求也就更高。再难一点儿，涉及核心的算法，那数学能力就必不可少。我国的程序员数量不少，整个群体结构呈金字塔状，涉及核心算法的群体属于金字塔塔尖，实属少数，大部分程序员并不需要学习太复杂的数学知识。

问题5：什么时候开始学编程合适？

如今，市场上有些机构宣传孩子在幼儿园阶段就可以开始学编程，让一些不明就里的家长无所适从。我个人认为，除了极少天赋异禀的孩子，大部分孩子在5岁以前逻辑思维尚不健全，很难明白编程的内涵。而且，即便是学普通的编程，最基本的四则运算和逻辑运算也是必备的基础，从课内的数学教学进度来看，至少得要小学二年级以后才适合学习编程。

很多家长想借鉴孩子学英语的经验，希望孩子在编程方面也能像学英语一样早早起跑。我并不是说更小的孩子不能学编程，只是编程和英语真的不一样。孩子从小开始学习英语，学3年，它的效果很明显，晚学的孩子花几个月时间根本追不上。但换成编程就不一样，同等智力的孩子，从5岁开始先学3年编程，后学的孩子用短则两三个月、长则半年的时间就能追上。

所以，思维没有到一定地步，过早开始学习编程反而会事倍功半。

问题 6: 孩子学习编程的语言怎么选择?

如果想让孩子早点儿接触编程并对编程产生兴趣，那可以先让孩子接触图形化编程。待孩子理解了程序的工作原理，后面想让孩子参加信息学奥赛的家长可以选择在四年级以后让孩子学习C++代码编程。数据表明，信息学奥赛顶级选手的成绩与起步时间没有明显的相关性，因此，家长大可不必担心孩子是不是学习编程起步晚了。

如果孩子数学天赋一般，或者家长并没想让孩子参加信息学奥赛，只是纯粹想让孩子体验编程的乐趣并建立计算思维，那么对于图形化编程的学习可以持续到五六年级。再往后，Python是一个不错的选择，因为使用Python可以很快做出一些很酷的程序。

问题 7: 图形化编程能训练计算思维吗?

有些家长认为训练计算思维一定需要学C++或Python这类编程语言才行，而图形化编程只是搭搭积木，没法训练计算思维。其实，这种认知是片面的。

图形化编程目前看起来没有起到很好的训练计算思维的效果，问题不在于图形化编程本身，而在于市场把图形化编程的学习下沉得太厉害，很多机构已经把图形化编程下沉到三年级以下。幼儿园甚至是小学一二年级的小朋友，大都不具备逻辑与数学基础，对这个阶段的孩子进行计算思维的培养实在有点"巧妇难为无米之炊"。如果孩子在更高的年级（比如小学的四至六年级）去学图形化编程，那图形化编程完全可以作为计算思维训练的载体。

从本质上来说，计算思维的训练与具体的编程语言无关。这就好比一个人的文学修养与他所使用的语言没有关系，作家用文言文可以写出优秀的文学作品，用现代白话文和英文也一样。

问题 8: 编程会影响学科类课程的学习吗?

有些家长会有这样的顾虑：孩子学编程需要花费大量的时间，等到进入初中后会不会影响学科类课程的学习？也正因为此，进入初中后，很多家长就不再支持孩子学编程了。

有这个顾虑是很正常的，但如果学习的目的是训练计算思维、培养编程素养，这样的担忧就是没有必要的。

我们不妨来看看编程能培养孩子的哪些能力。

编写程序是为了解决某个具体问题，但这个问题通常是以某种情景表现的，不像数学题那样抽象。因此，编程学习首先有助于提高孩子的问题理解、分析和抽象的能力。

一个稍微复杂一点儿的问题往往由若干个子问题构成，其中有些是我们熟悉的，可以利用现有的程序，有些是我们需要去编写的。编程学习非常有助于提高孩子们的问题分析能力。

在编写程序的过程中，逻辑思维能力极为重要。程序里用得最多的就是逻辑判断和循环。满足什么条件执行哪个分支程序，满足什么条件退出循环，这些问题的解决都需要较高的逻辑思维能力。当然，如果没有良好的数学素养，写出的程序可能并不理想。拥有良好数学思维的人往往可以写出非常简洁且高效的程序。

写程序常常是一个不断优化的过程。一开始写出的可执行程序，往往效率并不那么高，结构并不那么美。这时，我们可以不断去寻找更优化的方法，不断提升程序的效率和可读性。因此，编程能锻炼孩子不断优化、追求卓越的品质。

数学题解错了，如果我们不验算，就很难看出来，更何况有些数学题也不好验算。但程序不允许一丝一毫的马虎，错了要么无法运行，要么执行结果不符合我们的预期。编程不允许半点儿粗心，一旦发现了错误，就得像福尔摩斯一样去寻找问题所在。有可能一个不经意的小错误，我们得花上半天甚至更长时间才能找出症结。所以，编程非常有助于帮助孩子克服粗心的毛病，锻炼孩子的耐心，提高孩子的错误诊断能力。

对于一个大型的程序，我们常常需要几个人一起协作完成。这个时候，程序就不单单是写给自己看，还要让别人也能看得懂。因此，编程非常有助于锻炼孩子的团队协作能力和结构化与模块化思维。

没错，编程确实很花时间。如果连学科内容都学得吃力，那我不建议去学编程。如果学有余力并且对编程感兴趣，那在学习编程的过程中无论是直接或间接获得的能力，对孩子的学科类学习和长远发展都是有益的。

本书的特点

我发现目前的编程教育存在一个问题，就是重算法、轻结构。我在大学从事计算机专业的教学工作，在工作中发现这个问题在本科生或研究生写的程序里体现得非常明显。我曾经参与起草由全国高等学校计算机教育研究会、全国高等院校计算机基础教育研究会、中国软件行业协会、中国青少年宫协会4个团体联合发布的《青少年编程能力等级》中的图形化编程部分。在那篇标准文件中，我把数学思维和结构化思维的培养放在了与算法同等重要的位置。这一思想也贯穿了本书的撰写过程。本书并不是简单地让孩子搭积木玩，也并非止步于了解一下编程的规则，而是更侧重于计算思维和编程素养的培养，因此更适合于小学中高年级的孩子，也适合从事少儿编程教育的从业者。

什么是计算思维？

我们生活在一个数字世界，软件和技术已经彻底改变了我们的生活。为了能游刃有余地生活和工作，我们需要了解自己所生活的这个数字世界。这就是计算思维被称为"21世纪必备技能"的原因，它对每个人而言都很重要。学习计算思维对于了解数字世界的运作方式、利用计算机的力量解决棘手的问题都至关重要。它还能帮助我们进行批判性的思考，不仅可了解某些技术的好处，也懂得它们的潜在危害、道德影响或意外后果。

虽然我们在这里及前文中多次提及了计算思维，但究竟什么是计算思维呢？让我们来看看卡内基梅隆大学周以真教授的学术定义：

"计算思维是涉及确切表达问题及其解决方案的思维过程，使解决方案以一种信息处理代理可以有效执行的形式来表示。"

听起来够绕吧？但其实，这只是用高大上的语言来表达简单的想法。"信息处理代理"是指任何遵循一组指令来完成任务（我们称之为"计算"）的东西。大多数情况下，这个"代理"是指计算机或其他类型的数字设备——但它也可以是人！为了使事情变得简单，我们将其称为计算机。为了以计算机可以执行的方式表示解决方案，我们必须将它们表示为一步一步的过程，即算法。为了创建这些算法解决方案，我们应用了一些特殊的问题解决技能。这些技能构成了计算思维，它们可以迁移到任何领域。

计算思维同时借鉴了数学思维和工程思维。然而，与数学不同的是，我们的计算系统受到底层"信息处理代理"及其操作环境的物理限制。因此，我们必须担心边界条件、故障、恶意代理和现实世界的不可预测性。但与其他工程学科不同，由于我们独特的"秘密武器"软件的存在，在计算中我们可以构建不受物理现实约束的虚拟世界。因此，在网络与数字世界中，我们的创造力仅受想象力的限制。

计算思维可以被描述为"像计算机科学家一样思考"，但它现在是每个人都需要学习的重要技能，无论人们是否想成为计算机科学家！有趣的是，计算思维和计算机科学并不完全与计算机有关，它们更多地与人有关。计算思维的训练甚至可以完全脱离计算机而存在！你可能认为我们为计算机编写程序，但实际上我们是为人编写程序——编写程序的最终目的是帮助人们交流、查找信息和解决问题。

例如，我们使用智能手机上的应用程序来获取前往朋友家的路线。这个应用程序就是计算机程序的一个例子，而智能手机是为我们运行该程序的"信息处理代理"。那些设计计算最佳路线的算法，以及设计交互界面和如何存储地图等所有细节的人，都应用了计算思维来设计这个应用。但他们设计这个应用并不是为了智能手机，而是为了帮助使用智能手机的人。

一门教授计算思维的课，应该教会学生以下5个方面的内容。

- 描述一个问题。
- 确定解决此问题所需的重要细节。
- 把问题分解成小的、合乎逻辑的步骤。

- **使用这些步骤来创建解决问题的流程（算法）。**
- **评估这个过程。**

事实上，业界对计算思维有多种定义，但大多数定义都涉及计算思维背后体现的解决问题所必备的技能。

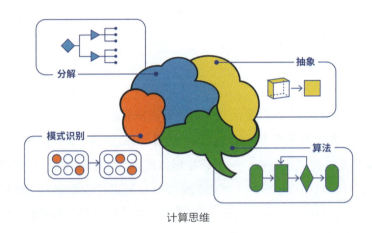

计算思维

下面，我列出6种重要的技能。

1. 抽象

计算思维中最重要和最高级的思维过程是抽象。抽象的作用是简化事物，它赋予我们处理复杂问题的能力。抽象需要确定问题最重要的方面是什么，并隐藏我们不需要关注的其他具体细节。我们根据问题最重要的方面来创建原始事物的模型。然后，我们可以使用这个模型来解决问题，而不必一次处理所有的细节。

抽象用于定义模式、将个体实例泛化和参数化。抽象的本质是在个性中找共性，它识别出一组对象共有的属性，同时隐藏它们之间不相关的区别。例如，算法是一个过程的抽象，它接受输入、执行等一系列步骤并产生预期的目标输出。一个排序算法既可以对一组数排序，也可以对一组学生姓名排序。抽象数据类型定义了一组抽象的值和用于操作这些数据的操作，对使用这些数据类型的用户隐藏了数据的实际表示，这就好比驾驶汽车的人只需关心方向盘、油门、刹车等的使用即可，不需要知道内部引擎是怎么工作的。

计算机科学家常常在多个抽象层次上工作。反复应用抽象使我们能够构建越来越庞大的系统。最底层（至少对于计算机科学而言）是位（0和1）。在计算中，我们通常基于抽象层构建系统，这使我们能够一次只关注一层及相邻层之间的关系。当我们用高级语言编写程序时，我们不必担心底层硬件、操作系统、文件系统或网络的细节。

我们在日常生活中经常使用抽象。比如，地图通过省略不必要的细节（例如公园中每一棵树的位置），只保留地图阅读器所需要的最关键信息，例如道路和街道名称，向我们展示了整个世界的简化版本。

　　计算机一直都在使用抽象对用户隐藏尽可能多的不必要信息。例如，假设你在上次旅行中拍了一张漂亮的风景照片，现在你想在计算机上对它进行编辑并调整其中的颜色。通常我们可以通过打开图片编辑程序、调整一些颜色滑块或选择过滤器来做到这一点。当你这样做时，会有很多复杂的操作发生，而这些操作是计算机对你隐藏的。

　　你拍的照片在计算机上是作为一个像素阵列存储的，每个像素有不同的颜色，每种颜色都用一组数字表示，每一个数字都存储为二进制数！这将是非常多的信息。想象一下，如果你在调整颜色时必须查看每个像素的颜色值对应的二进制数并更改其中的一部分，那会不会崩溃？好在计算机为你隐藏了这些信息，因此你不需要知道这些二进制信息就能达成你的目标。

2. 分解

　　分解是将一个复杂的问题分解为更小、更简单的部分，然后专注于解决每个小问题。这些更小、更简单的问题的解决方案组合成了我们最初的大问题的解决方案。分解有助于让大问题变得不那么令人生畏！

　　由于计算机需要非常具体的指令，因此分解是创建可在计算设备上实现的算法和过程的一项重要技能。我们需要告知计算机它应该遵循的每一个步骤，才能让计算机帮助我们做事。

　　例如，制作蛋糕的整个任务可以分解为几个较小的任务，每个任务都可以轻松执行。

制作蛋糕

1. 烤蛋糕

- 将原材料（黄油、糖、鸡蛋、面粉）放入碗中
- 混合原材料
- 将混合的原材料倒入铝合金模具
- 放入烤箱烤30分钟
- 从铝合金模具中取出蛋糕

2. 打发奶油

3. 将奶油涂在蛋糕上

3. 算法思维

　　算法是计算思维和计算机科学的核心。在计算机科学中，问题的解决方案不仅仅是一个

答案，而是算法。算法是解决问题或完成任务的一步步过程。如果我们正确地遵循算法的步骤，即使对于不同的输入，也会得到正确的答案。例如，我们可以使用算法来找到地图上两个地点之间的最短路线。相同的算法可应用于任何一对起点和终点，因此最终的答案取决于算法的输入。如果我们知道解决问题的算法，那么我们随时可以轻松解决这类问题而无须思考！我们只需按照步骤操作。计算机自己并不能思考，所以我们需要给它们算法，告诉它们怎么做事。

算法思维是创造算法的过程。当我们创建一个算法来解决一个问题时，我们把创建出的算法称为算法解决方案。算法的构成元素相对较少，因为计算设备只有几种类型的指令可以遵循。它们可以做的主要事情是接收输入、提供输出、存储值、按顺序执行指令、根据分支进行选择和在循环中重复执行指令。尽管指令的范围非常有限，却描述了计算设备可以计算的所有内容，这就是为什么我们要将算法描述为仅限于这些元素的过程。

4. 泛化和模式

泛化也被称为"模式识别和泛化"。泛化是将问题的解决方案（或解决方案的一部分）进行普适化，以便它可以应用于其他类似的问题和任务。由于计算机科学中的解决方案是算法，这意味着我们将一种算法变得足够通用，它就可以解决一系列问题。这个过程涉及抽象。为了使事物更通用，我们必须剔除与特定问题或场景相关但对算法的运行而言并不重要的细节。

发现模式是这个过程的重要组成部分。当我们思考多个问题时，我们可能会认识到它们之间的相似之处，并发现它们可以用相似的方式予以解决。这被称为模式匹配，也是我们的日常生活每时每刻在做的事情。

泛化的算法可以被重用，用于解决一组相似的问题，这意味着我们可以快速有效地提出解决方案。

5. 评估

评估涉及找出解决问题的多种算法，并判断哪种算法最好用，它们是否在某些情况下有效但在其他情况下无效，以及如何改进它们。在评估一个算法方案时，我们需要考虑一系列因素。例如，这些过程（算法）求解问题需要多长时间，它们是否可扩展，是否能够可靠地解决问题，或者是否在某些情况下会以非常不同的方式执行。评估是我们在日常生活中经常做的事情，常常，我们还需要用户的反馈来帮助我们改进方案。

我们可以通过不同的方式来评估算法。比如，可以通过在计算机上实现并运行算法来测试它们的速度；或者可以从理论上分析算法需要的执行步数。我们可以通过给算法许多不同的输入并检查它们是否按预期工作来测试它们是否正确。此时，需要考虑用于测试的不同输入。我们并不想检查每一个可能的输入（通常有无数个可能的输入），但仍然需要确认所给出的算法是否对所有输入都有效。测试是计算机科学家和程序员一直在做的事情。但是，因为我们通常无法测试所有可能的输入，所以我们也会尝试使用逻辑推理来评估算法。

6. 逻辑

在尝试解决问题时，我们需要进行逻辑推理。逻辑推理是指通过观察、收集数据、思考，然后根据已知事实搞清楚整个事情的缘由，从而试图完整地理解事物。

例如，假设你正在编写软件来计算从你家到某个位置的最短路线。在地图上看，如果你从家向北走，到图书馆需要2分钟，但如果你向南走，则需要3分钟才能到达下一个十字路口。你可能想知道：如果一开始就向南走，去图书馆是否有更好的路线？显然，从逻辑上讲这不可能，因为你需要步行3分钟才能到达第一个十字路口。

在更深层次上，计算机的运行完全建立在逻辑之上。它们使用"真"和"假"，并使用被称为"布尔表达式"的东西（比如"年龄 > 5"）在计算机程序中做出决定。追踪程序中的错误的位置和原因也需要用到逻辑思维。

一个甜甜圈的例子

最后，以一个甜甜圈的例子来形象地说明什么是计算思维。

假设我们现在有一个任务，要从商店带甜甜圈给我们的同学。我们收集了每个人的订单，形成了一张110个甜甜圈的购买清单列表，我们希望在去商店之前计算出所有甜甜圈的总价格。计算思维可以帮助我们更容易地解决这个问题。

我们首先定义问题：计算110个甜甜圈的总价格。

看到这个问题时，我们的第一反应通常是拿起自己的手机，并将甜甜圈的价格一个个累加起来。这个方法可行，却是一种低效的方法。计算思维为我们提供了一种更好、更省力的方式。

我们可以将问题分解为更小的步骤（分解）。

（1）给出每种甜甜圈的价格。

（2）给出我们购买的每种甜甜圈的数量。

一旦知道了这两点，就可以计算出总价格，下面给出了一个实例。

不同类型甜甜圈的单价表：

类型A：每个 3.00 元

类型B：每个 1.60 元

类型C：每个 2.00 元

类型D：每个 2.10 元

类型E：每个 2.15 元

按类型划分的甜甜圈数量：

25个甜甜圈A，每个3.00元

30个甜甜圈B，每个1.60元

10个甜甜圈C，每个2.00元

15个甜甜圈D，每个2.10元

30个甜甜圈E，每个2.15元

现在，通过把甜甜圈按照类型和数量有序组织成价格列表，我们发现列表中的每一项都遵循相同的模式（发现模式），这使我们能够建立一个公式来计算每种甜甜圈的总价格。

甜甜圈A的总价格：25个 × 3.00元/个 =75元

对于模式化的数据类型，可以对列表中的每一项简单地重复使用这个公式。

甜甜圈B的总价格：30个 × 1.60元/个 =48元

甜甜圈C的总价格：10个 × 2.00元/个 =20元

甜甜圈D的总价格：15个 × 2.10元/个 =31.5元

甜甜圈E的总价格：30个 × 2.15元/个 =64.5元

最后，我们可以将每种类型的甜甜圈价格相加来计算总价格。

75+48+20+31.5+64.5=239（元）

有了用于解决每个小问题的公式，我们可以抽象出一个模板，其中包含两个计算价格的公式。

按类型划分的项目数 × 单价 = 每个项目类型的价格

项目A的价格 + 项目B的价格 + 项目C的价格 +… = 总价格

这个公式不仅可以用于甜甜圈价格的计算，也同样适用于纸杯蛋糕、冰淇淋、三明治的价格计算，当然也适用于甜甜圈数量更多的情况。在消除了最初问题中的复杂性后，这个公式现在成了一个易于使用的工具（泛化）。

然后，我们可以进一步扩展从这一经验中获得的知识，通过构建算法来确保每次都能获得可靠的输出，以便在其他需要计算的活动中复用它（算法思维）。

第1步：按类型添加项目。

第2步：为每个项目类型设置单价。

第3步：将按类型划分的项目数与其单价相乘。

第4步：将每种类型的总价格加在一起。

我们来评估一下这个方法。首先，它总是可以正确地完成计算总价格的任务。其次，抽象出来的模板和算法有很强的复用性。最后，这种方法可扩展性较强，即按这种方式来计算总价格的速度要远远快于逐个相加的方法，特别是在数量变得越来越多的时候（评估）。

　　正如这个小例子所希望展示的那样，这个过程体现了我们解决问题方式的转变。通过公式化的过程，我们可以驾驭复杂性并专注于重要的事情，不会在复杂性中迷失解决问题的方向。尽管这只是计算思维的一个简单例子，但很明显，这个过程可以被复制并用于解决大量数据的问题，并在充满数据的世界中引导未知的旅程。

目录

进阶篇

进阶篇

扫描二维码，下载图书资源，
快来开启你的编程之旅吧！

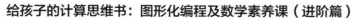

1. 吉卜赛读心术

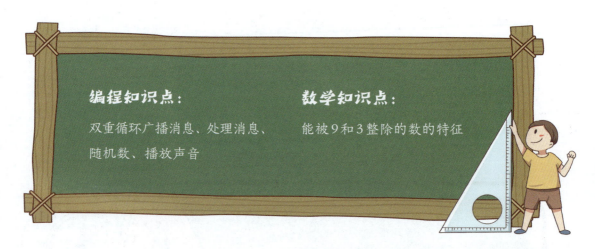

编程知识点：
双重循环广播消息、处理消息、随机数、播放声音

数学知识点：
能被9和3整除的数的特征

这是吉卜赛人古老的神秘读心术，它能"读懂"你内心的想法。本节将探索这个游戏背后的奥秘。

1.1 游戏规则

在心中从10～99任意挑选一个数，用这个数先减去它的**十位数**，再减去它的**个位数**，得到最终的数，在给定的图表中找出最终数对应的图形，并把这个图形牢记在心中。注意，不要告诉任何人这个数是多少！然后单击水晶球，它将会读懂你的内心，呈现你心中所想的那个图形。

打开"吉卜赛读心术"项目（见本书编程项目资源），先玩一玩这个游戏吧。

想一想：水晶球真的能读懂我们的内心吗？

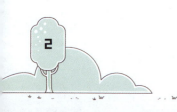

1		2		3		4		5		6		7		8		9		10	
11		12		13		14		15		16		17		18		19		20	
21		22		23		24		25		26		27		28		29		30	
31		32		33		34		35		36		37		38		39		40	
41		42		43		44		45		46		47		48		49		50	
51		52		53		54		55		56		57		58		59		60	
61		62		63		64		65		66		67		68		69		70	
71		72		73		74		75		76		77		78		79		80	
81		82		83		84		85		86		87		88		89		90	
91		92		93		94		95		96		97		98		99		100	

再来一次

1.2　吉卜赛读心术背后的奥秘

水晶球肯定不能读懂我们的内心，这背后一定有蹊跷。为此，我们不妨先观察几个数，探寻一下背后的奥妙。我们取 72、69、91、35 和 41 这 5 个数，按要求操作后得出的数如下表所示。

两位数	最终数
72	72-7-2=63
69	69-6-9=54
91	91-9-1=81
35	35-3-5=27
41	41-4-1=36

观察一下这些最终数，有没有发现它们的共同点？

不难发现，这些最终数都是 9 的倍数。那么，为什么经过这样的操作，最后得出的数一定是 9 的倍数呢？

我们以 69 和 91 为例，进行如下的推导。

① 69=6×10+9

69-6-9=（6×10+9）-6-9

=6×10+9-6-9

=6×10-6

=6×9

显然，结果是9的倍数。

② 91=9×10+1

91-9-1=（9×10+1）-9-1

=9×10+1-9-1

=9×10-9

=9×9

结果也是9的倍数。

一般地，对于任意一个两位数$\overline{ab}$，进行上述操作后，我们有

$$\overline{ab}-a-b=(a×10+b)-a-b=a×9$$

显然，最终数为9的倍数。

但最终数是9的倍数与水晶球读出我们的内心所想又有什么关联呢？不妨再当一回福尔摩斯，在看似杂乱的图标中去寻找蛛丝马迹。观察一下所有9的倍数右侧的图案，你是

不是发现这些图案都是一样的？没错，这就是读心术的奥妙！单击水晶球后出现的图案，恰恰就是这个图案！所以，我们只要在9的倍数的位置都摆上一样的图案，不管最后我们选了哪个数，水晶球一定能显示正确的图案。

1.3 编程实现：布局

下面，我们就用编程来实现这个吉卜赛读心术小游戏。

在程序里，我们绘制了一张1~100的表格，以其为背景。

1	2	3	4	5	6	7	8	9	10
11	12	13	14	15	16	17	18	19	20
21	22	23	24	25	26	27	28	29	30
31	32	33	34	35	36	37	38	39	40
41	42	43	44	45	46	47	48	49	50
51	52	53	54	55	56	57	58	59	60
61	62	63	64	65	66	67	68	69	70
71	72	73	74	75	76	77	78	79	80
81	82	83	84	85	86	87	88	89	90
91	92	93	94	95	96	97	98	99	100

我们创建3个角色：水晶球、神秘符号、再来一次。

我们为神秘符号角色创建了6个造型，对应6个不同的神秘符号。我们为神秘符号角色自定义一个名为"布局"的自制积木，其作用是在 10×10 的方格（不包含序号格）中摆上不同的图案。具体地，我们首先选定一个单击水晶球时显示的图案，然后我们在9的倍数的位置放上这个选定的图案，而在不是9的倍数的位置放一个随机选择的图案。"当小绿旗被点击"或接收到"再来一次"消息时，都调用"布局"积木，重新布局。

每次重新布局时，我们都要重新选定最后在水晶球中显示的神秘符号。我们创建变量"选中造型编号"，用于存放被选中的神秘符号的造型编号。我们可以通过下面的代码，将

"选中造型编号"设定为1~6的一个随机的造型编号。这样，每次重新玩的时候，最后水晶球出现的神秘符号大概率是不同的。

为了给这100个格子填上不同的神秘符号，我们需要双重循环。我们定义两个变量"行"和"列"来控制具体的位置。循环程序的框架如下：每次一行填完后，都将角色移动到下一行的开始（将x坐标设为每行最左边的坐标，y坐标向下移动25到下一行）。

在循环体内部，我们根据当前的行数和列数，计算出当前位置对应的1~100的数为：（行−1）×10+列。如果这个数是9的倍数，那么就将该位置的符号设定为预先选中的造型，否则，就设定为一个随机的造型。

6

布局积木的完整定义如下。

1.4 广播与处理消息

　　水晶球角色的逻辑很简单，一开始将它移动到相应的位置即可。等到单击水晶球的时候，系统需要显示神秘符号的图案。我们的思路是让水晶球通知神秘符号角色，神秘符号角色接收到通知后移动到水晶球的位置，换成所选定的造型并显示。为此，我们为水晶球角色增加一个事件，即当水晶球被单击时，广播"水晶球被点击"的消息。

　　神秘符号角色需要接收"水晶球被点击"的消息并处理。我们为神秘符号角色增加处理的代码。在代码里，我们让神秘符号移动到水晶球所在的位置，将其设定为预先选中的造型编号造型，也就是与9的倍数所在位置对应的符号相同的造型。我们让神秘符号逐步变大，并播放一段声音，实现简单的动画效果。

　　单击水晶球，出现了下面的目标图案。

1		2		3		4		5		6		7		8		9		10	
11		12		13		14		15		16		17		18		19		20	
21		22		23		24		25		26		27		28		29		30	
31		32		33		34		35		36		37		38		39		40	
41		42		43		44		45		46		47		48		49		50	
51		52		53		54		55		56		57		58		59		60	
61		62		63		64		65		66		67		68		69		70	
71		72		73		74		75		76		77		78		79		80	
81		82		83		84		85		86		87		88		89		90	
91		92		93		94		95		96		97		98		99		100	

"再来一次"角色的逻辑很简单：当它被单击时，广播"再来一次"消息。神秘符号角色会接收该消息并处理。

为此，我们为神秘符号角色再增加处理"再来一次"消息的代码，其逻辑与单击小绿旗后执行的操作一样，即擦除所有的痕迹，重新布局。这样，第二次显示的神秘符号大概率与前一次不同。

1.5 播放声音

为了让程序更生动一点，我们在水晶球被单击时还插播了一段声音。

声音类积木如下。

单击下图中的声音选项卡（图中顶部红色框圈出的位置），就出现了声音编辑的界面。单击左下角的 （图中左下部红色框圈出的位置），可以从系统中选择一个声音、自己录制一段声音、从系统库中随机选择一个声音或上传一段声音文件。

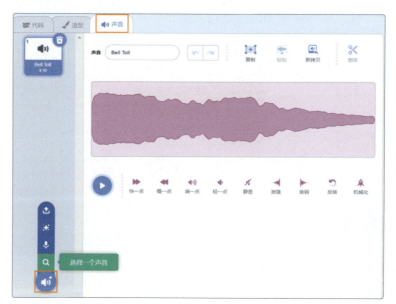

数学小知识：判断一个数是否是9的倍数

判断一个两位数是否是9的倍数，只要看它的十位、个位数字之和是否是9的倍数。

同理，判断一个三位数是否是9的倍数，只要看它的百位、十位、个位数字之和是否是9的倍数。

我们再来举一个例子：

864=8×100+6×10+4

＝8×（99+1）+6×（9+1）+4

＝8×99+6×9+（8+6+4）

8×99+6×9是9的倍数，8+6+4=18也是，所以864是9的倍数。

类似地，判断一个任意位数的数是否是9的倍数，只需看它的各位数字之和是否是9的倍数。

比如65 789 469，各位数字之和为6+5+7+8+9+4+6+9=54，而54能被9整除，所以65 789 469能被9整除。

再比如99 999 999 988 888 888 777 777 766 666 655 555，各位数字之和为9×9+8×8+7×7+6×6+5×5=255，255能被9整除吗？如果算出的数还是比较大，那还可以重复上面的过程。255的各位数字之和为2+5+5=12，12不能被9整除，所以原数不能被9整除。

更进一步，我们可以推导出一个数除以9所得的余数等于这个数的各位数字之和除以9所得的余数。例如，上面的99 999 999 988 888 888 777 777 766 666 655 555除以9所得的余数等于255除以9所得的余数，进一步等于12除以9所得的余数，即3。

再拓展一下知识，如果一个数是9的倍数，它也一定是3的倍数。因此，判断一个数是否是3的倍数，也只需要看它的各位数字之和是否是3的倍数。

思考题

如何判断一个数是否为 99 的倍数？

2. 圈地比赛

编程知识点：

列表、字符串、输入检查

数学知识点：

长方形的周长与面积；周长固定时，哪种长方形的面积最大

在《平面国》中，大部分的图形是正多边形，可也有一些图形并不是正多边形，比如长和宽不相等的长方形。那么，如果周长固定，哪种长方形（包括正方形）的面积最大呢？

2.1 周长固定时，哪种长方形的面积最大

在不知道具体结论时，我们可以进行实验，枚举所有的可能并进行比较。枚举这事儿计算机最擅长啦！通过Scratch可以画出所有满足要求的长方形，并计算出它们的面积，然后对结果进行对比。我们首先定义一个自制积木，用于画出一个指定长和宽的长方形。

假如长和宽都必须是整数，那么由于周长＝（长＋宽）×2，周长必须为偶数。我们使用"重复执行直到"积木来保证输入的周长一定为偶数；如果输入了奇数，则要求重新输入，直到输入的周长为偶数为止。

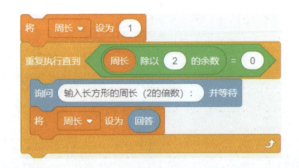

事实上，我们不能保证用户的输入总是我们所期望的。用户可能会因为不小心或恶作剧，输入各种稀奇古怪的东西，比如"%#￥@"，那我们的程序遇到这些输入会不会崩溃呢？这就要求我们能够识别用户的输入，并判断用户的输入是否正确。上面这段程序只是对用户输入稍微做了检查，如果要处理用户各种古怪的输入，那还需要做大量的工作呢。

在确保用户输入的是偶数后，我们就可以开始枚举所有的可能。从宽为1开始，每次将宽增加1，直到宽大于长为止。

2.2 用列表和字符串记录

为了能记录下所有的可能情况，我们使用变量类积木中提供的列表。我们在变量类积木区单击 建立一个列表 ，创建一个名为"长宽面积"的列表，用于记录每次计算的结果，记录的格式为"长 × 宽＝面积"的字符串，比如"8×2=16"。

我们使用运算类积木中的 连接 苹果 和 香蕉 运算将两个字符串连接在一起，形成一个新的字符串。多次使用连接运算符可以构造我们所需要的字符串。在正确输入了一个偶数的周长后，我们枚举所有长和宽的可能，将结果记录进列表。

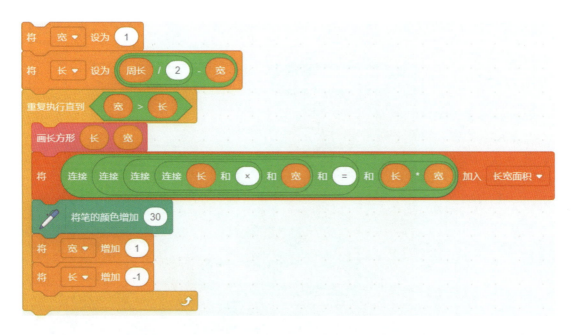

运行代码，结果如下。

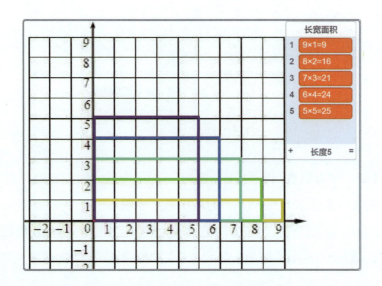

可以看到，输入的周长为20，当长和宽相等时，面积最大。

如果周长比较长，那在图上就画不出了。此时，我们可以不画图，直接遍历所有长和宽可能的整数取值，然后记录下最大面积和取得最大面积时的长和宽。我们用变量"最大面积"记录当前取得的最大面积，用变量"最大面积的长"和"最大面积的宽"记录最大面积对应长方形的长和宽。具体代码如下页所示。

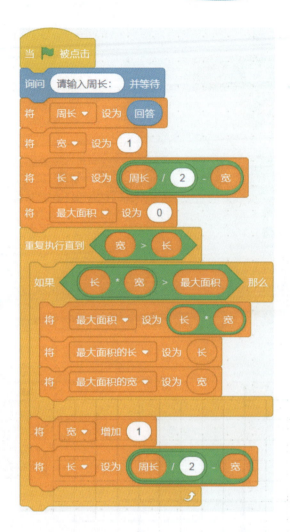

输入周长102，可以看到当长为26、宽为25时取得最大面积650。

输入周长5000，则当长＝宽＝1250时取得最大面积。

总结一下，我们可以发现：当长方形的周长为偶数且长和宽都是正整数时，（1）如果周长为4的倍数，则长和宽相等时面积最大；（2）如果周长不是4的倍数，则长＝宽+1时面积最大。

2.3 有墙时围出的最大面积是多少

我们再来探索这样一个数学问题：如果有一段长度为12的绳子，现在要就着一面墙围一个长方形，那么什么时候面积最大？

不少人一开始会习惯性地认为围成正方形面积最大，此时正方形的边长为4，面积为16。

在下结论之前，我们不妨仍然利用程序从宽为1开始枚举所有的可能情况。此时，由于长方形的一面靠墙，我们假设与墙平行的一条边为长，与墙垂直的两条边为宽，那么有：长＝周长－2×宽。我们对之前的代码稍加修改，可以写出下面的代码。

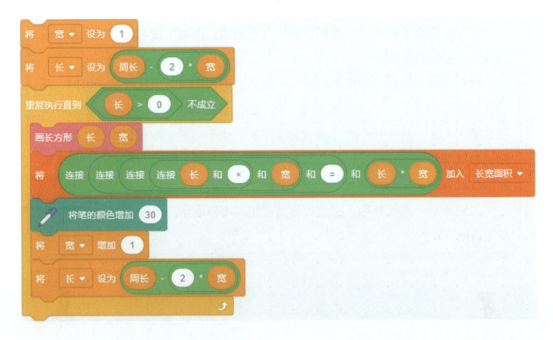

当绳子长度为12的时候，结果如下。

我们发现，面积最大的并非正方形，而是长为6、宽为3的长方形！

数学小知识：和固定，差小积大

为什么没有墙的时候，围成正方形面积最大；而有一面墙的时候，就不是围成正方形面积最大呢？

我们可以对此进行简要的分析。一般地，周长固定，当长与宽相等时，所围成的面积最大。具体地，如果长＋宽＝$2a$，我们可以设长＝$a+d$，宽＝$a-d$，那么面积＝长×宽＝$(a+d)(a-d)=a^2-d^2$，当$d=0$时，取得最大值。把这个结论总结成一句话就是：和固定，差小积大！也就是长与宽的和固定，那么两者的差越小，乘积越大。

但如果有一面就着墙，那么长与宽之和就不再固定，因此差小积大的结论就不再成立！

思考题

有14根长1米的篱笆，现在要就着如图所示的围墙圈一个长方形围栏，其中两段墙分别为AB和AC，AB＝1米，AC＝20米，请问圈出的长方形围栏面积最大是多少？

B
A
C

3. 掷飞镖计算圆周率

编程知识点：

侦测积木、加速模式

数学知识点：

用概率法计算圆周率

在基础篇的第11章中，我们通过正多边形的周长来逼近圆的周长，从而近似计算出圆周率 π 的值。在这一章，我们将从另一个角度来估算圆周率的值：概率与面积。

数学小知识： **用概率计算圆周率的数学原理**

在下面的正方形中有一个内切圆，假如圆的半径为 r，那么正方形的边长就是 $2r$，从而圆的面积与正方形的面积之比为：$\dfrac{\pi r^2}{4r^2} = \dfrac{\pi}{4}$。

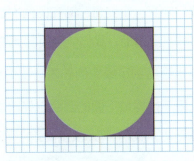

我们如果在正方形内随机取一个点，那么这个点位于圆内的概率就是两者的面积之比，即 $\dfrac{\pi}{4}$。根据这一结论，我们可以通过概率模拟的方式近似计算出圆周率的值。

这种方法的思路是，在正方形范围内多次随机投掷一个点（比如投掷1000次），然后统计出点落在绿色圆内的次数。随着试验次数的增多，落在圆内的次数与所有投掷次数之比应该等于圆与正方形面积之比。比如，1000次里有765次落在圆内，则根据概率有：

$$\frac{765}{1000} \approx \frac{\pi}{4}$$

由此，可以计算出圆周率的值：

$$\pi \approx \frac{4 \times 765}{1000} = 3.06$$

 编程实现

下面我们就通过编程来实现这一近似计算的过程。我们设计的背景如上页图所示，即一个蓝色正方形内有一个内切的绿色圆。然后，我们设计一个名为小红点的角色，其造型为一个很小很小的小红点。

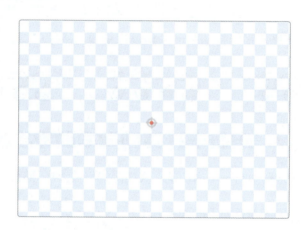

我们定义一个变量"落在圆内次数"，用于记录小红点落在圆内的次数。具体地，我们使用侦测类积木中的 碰到颜色 ? 来判断小红点是否落到了绿色的圆内。我们单击 碰到颜色 ? 积木中的颜色，用下拉框最下面的颜色选择器 到背景上选择绿色。

基于此，我们可以写出下面的代码。由于我们的正方形边长为280，因此 移到 x 在 -140 和 140 之间取随机数 y 在 -140 和 140 之间取随机数 一定落在正方形内。

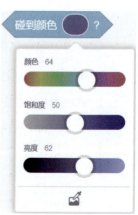

```
🖊 全部擦除

将  总次数 ▾  设为  1000

将  落在圆内次数 ▾  设为  0

重复执行  总次数  次
    移到 x: 在 -140 和 140 之间取随机数  y: 在 -140 和 140 之间取随机数
    如果  碰到颜色 ⬤ ?  那么
        将  落在圆内次数 ▾  增加  1

    🖊 图章

说  4 * 落在圆内次数 / 总次数  5 秒
```

运行程序时，我们发现运行一次所花的时间比较长。为此，我们可以利用"编辑"菜单中的"打开加速模式"，加速程序的执行。

我们将投掷总次数分别设为 100、1000 和 10 000，进行多次试验，计算出的圆周率近似值如下表所示。

投掷总次数	落在圆内次数	圆周率近似值
100	85	3.40
100	77	3.08
100	80	3.20
1000	772	3.09
1000	774	3.10
1000	755	3.02

续表

投掷总次数	落在圆内次数	圆周率近似值
10 000	7202	2.88
10 000	7066	2.83
10 000	7169	2.87

3.2 问题与改进

我们发现，随着投掷总次数的增多，圆周率近似值反而变小了，这似乎有违试验次数越多越逼近理论概率值的原理。

这是为什么呢？

回想一下，我们判断一个点是否落在圆内所使用的条件是 。

但是，随着小红点数目的增加，圆内的很大一部分绿色都变成了红色，因此即便小红点落在圆内，也可能碰到的是红色（例如与之前的一个红点完全或部分重合），而不是绿色！因此，采取这种做法的话，随着小红点数量的增加，圆周率的估计值会变小。

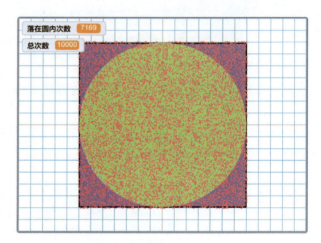

为了规避上述做法的弊端，我们可以换一种思路。我们让圆不作为背景出现，而作为一个新的角色出现。我们创建一个圆的角色，其造型如右图所示，它的大小恰好是正方形的内切圆大小。

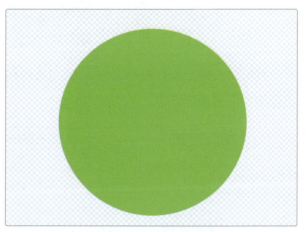

我们把判断小红点是否落入圆内的条件由 碰到颜色 ? 改为 碰到 圆 ? ，进而得到下面的代码。

执行上述代码3次，算得圆周率的近似值分别为3.13、3.11、3.13。可以看到，这个结果已经非常逼近3.14了。

4. 斐波那契螺旋

编程知识点：

迭代、抽象、复用

数学知识点：

斐波那契数列、黄金分割、
递归

4.1 斐波那契数列与黄金分割

斐波那契数列，因意大利数学家莱昂纳多·斐波那契（Leonardo Fibonacci）以兔子繁殖为例子而引入。假如一对兔子出生后，经过两个月具备繁殖能力，此后每个月繁殖一对小兔子，那么，如果一个人在1月初购入一对刚出生的兔子，到这一年结束时会拥有多少对兔子呢？

为此，我们不妨模拟一下小兔子的繁衍过程。

我们发现，前6个月，每个月的月底所拥有的兔子对数分别为：

$$1, 1, 2, 3, 5, 8, \cdots$$

从第三个数起，每一个都是前面两个数之和。大胆猜测一下，后面几个月的兔子数应该分别为13、21、34、55、89、144。也就是说，到12个月结束，竟然会有144对兔子！

因此这个数列又被称为"兔子数列"。在数学上，斐波那契数列可以用如下递推方法定义。

$$a_1=1, a_2=1, a_n=a_{n-1}+a_{n-2} \, (n \geq 3, n \in \mathbf{N})$$

斐波那契数列与黄金分割有着密切的关系，从第二位起，前一个数与后一个数之比，即1/2，2/3，3/5，5/8，8/13，13/21，…逐渐逼近0.618。这个比例被公认为是最能引起美感的比例，是建筑领域和艺术领域中最理想的比例。

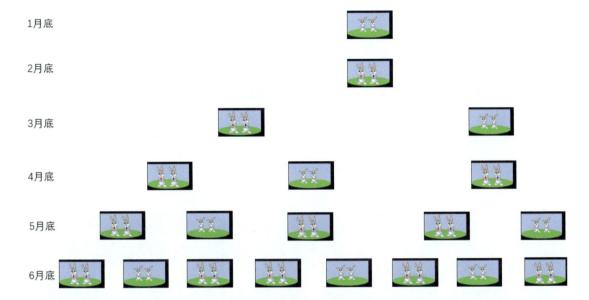

1月底

2月底

3月底

4月底

5月底

6月底

画家们发现，按0.618：1的比例画出的画最优美。在达·芬奇的作品《维特鲁威人》《蒙娜丽莎》和《最后的晚餐》中都运用了黄金分割。古希腊的著名雕像断臂维纳斯的雕刻者及太阳神阿波罗的雕刻者都通过故意延长双腿，使之与身高的比值为0.618。建筑师们也偏爱数字0.618，无论是古埃及的金字塔，还是巴黎的圣母院，或者是近代的法国埃菲尔铁塔、希腊雅典的帕提农神庙，都有黄金分割的足迹。

数学小知识：无处不在的斐波那契数列

数学里的很多问题都与斐波那契数列有关。下面列举几个典型的问题。

问题1：现有10级楼梯，每次可以爬1级或2级楼梯，请问爬完10级楼梯一共有多少种不同的爬法？

我们可以把爬10级楼梯的方法分为两类。

（1）第一步爬1级楼梯，则剩下9级楼梯。

（2）第一步爬2级楼梯，则剩下8级楼梯。

根据加法原理，第10级楼梯的爬法数=第9级楼梯的爬法数+第8级楼梯的爬法数。最初的第1级楼梯的爬法数为1种，第2级楼梯的爬法数为2种，从第3级楼梯开始，每一级的爬法数是前边两级的爬法数之和。所以这是一个斐波那契数列。

问题2：用1×2的地砖去铺右边的2×10的地板，一共有多少种不同的铺法？

考虑第一块地砖，可以有两种铺法。

（1）横铺。此时第一块地砖下面的部分也只能横铺，剩下的部分变成了2×8大小的地板，这是一个结构相同但规模更小的问题。

（2）竖铺。此时剩下的为2×9大小的地板，也是一个结构相同但规模更小的问题。

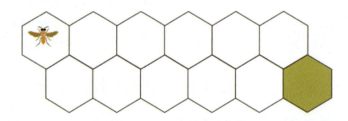

如果我们记 $f(n)$ 表示n列的铺法，那么有 $f(n)=f(n-1)+f(n-2)$，同时，$f(1)=1$，$f(2)=2$。

可见，这个问题的解法与爬楼梯问题的解法一致，也涉及斐波那契数列。

问题3：一只黄蜂想从下图中左上角的蜂房移到右下角有蜂蜜的蜂房中。每次移动，它只能往右侧（或右上角、右下角）相邻的蜂房移动一步，那么，它一共有多少种不同的移动方法呢？

这个问题看似跟斐波那契数列没有关系，但实际上也是斐波那契数列问题。为什么呢？可以看下面从起点到问号处的移动方法数。显然，黄蜂只能从左侧或左下角的蜂房移动过来。因此，从起点到问号处的移动方法数等于从起点到其前面两个蜂房的移动方法数之和。一开始，从起点到右下角的蜂房有一种移动方法，而到右侧的蜂房则有两种移动方法，因此，这也符合斐波那契数列递推关系的定义。

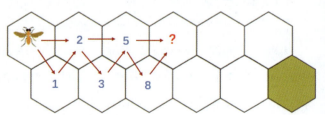

思考题

由0和1两个数字组成的符号串被称为比特串,请问:长度为10的比特串中,不存在两位连续是1的比特串有多少个?

4.2 斐波那契螺旋

如果我们把斐波那契数列作为一个正方形的边长,将这些正方形按下图的方式拼起来,并按照如图所示方式画出曲线,那就得到了"斐波那契螺旋",这一螺旋近似于黄金螺旋。

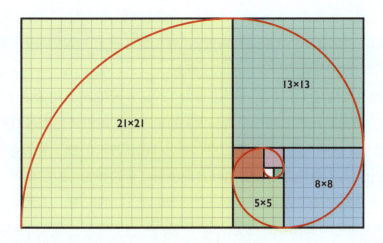

大自然中有许多现象都与斐波那契数列有关,比如松果、凤梨、树叶的排列,以及某些花朵的花瓣数、树木的生长等。因此,说斐波那契数列是大自然的密码一点都不为过。既然黄金螺旋这么美,那么我们能不能通过程序把它画出来呢?

4.3 编程实现

首先,我们使用Scratch系统提供的xy-grid-20px作为项目的背景。

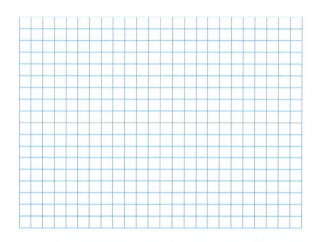

我们发现，这个螺旋是由不同大小的圆弧逐段拼接而成的。为了简化程序，我们可以先定义一个画90°圆弧的自制积木，叫作"画弧"。此外，我们还要画辅助的正方形，因此我们也定义一个画正方形的自制积木。

我们从最小的边长为1的正方形开始。按照之前画圆的做法，我们使用基础篇的第11章中的"前赴后继"画圆法，即设定两个角色（角色1和角色2），每次让角色2跑到圆周上的下一个位置，然后让角色1移动到角色2所在位置，画出一小段线段来逼近圆弧。

具体地，我们按照下面的步骤来画这个螺旋。

步骤1：我们让角色1位于第一个边长为1的正方形的左上角顶点（如下图所示的 P_1）处，然后沿着逆时针方向画一个边长为1的正方形；此时角色1回到了 P_1 处；然后，我们画 1/4 的圆周，从而角色1到达第二个边长为1的正方形的左下角顶点 P_2 处。

步骤2：我们以 P_2 为起点沿着逆时针方向画第二个边长为1的正方形，画完后角色1回到了第二个正方形的左下角顶点 P_2 处，之后我们画 1/4 的圆周，从而角色1到达边长为2的第三个正方形的右下角顶点 P_3 处。

步骤3：我们以 P_3 为起点沿着逆时针方向画边长为2的第三个正方形，画完后，角色1回到了第三个正方形的右下角顶点 P_3 处，之后我们画 1/4 的圆周，从而角色1到达边长为3的第四个正方形的右上角顶点 P_4 处。

按上面的过程一直执行下去，我们可以画出整个斐波那契螺旋。

为了跟踪当前的角色相对位置，我们定义变量

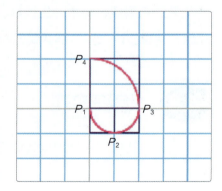

顶点位置 ，用于表示画正方形之前，角色所处的位置和

面向的方向，取值为0、1、2、3，对应的位置和面向的方向分别如下所示。

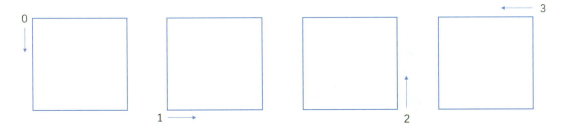

刚开始，我们先将当前边长设为1，然后执行两次右面的代码，画出两个小正方形和相应的弧。

在这里，我们定义了3个自制积木：画正方形、画弧、切换顶点方向。

其中，"画正方形"积木从当前顶点位置（上面的0、1、2、3四个位置之一）开始逆时针画一个指定边长的正方形。注意，画完正方形后，角色所面向的方向并没有变化。

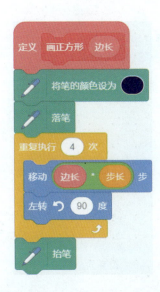

"画弧"积木则沿用之前画圆的做法，先广播"开始"消息，通知角色2开始，然后重复执行45次，每次向角色2发送"移动到下一位置"的消息并等待。

当角色1接收到角色2发送的"已到下一位置"消息时，就移动到角色2的位置，画出一小段近似圆弧的线段。

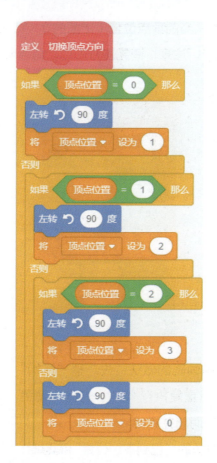

当角色1画完圆弧后，当前它已经位于下一个正方形和圆弧的起点，但此时，角色1的方向还没有改变，因此，我们需要改变"顶点位置"这个变量的值和角色的方向。我们自定义了积木"切换顶点方向"来实现这一点，如下图所示。

当然，考虑到顶点位置是按"0，1，2，3，0，1，2，3，…"的周期循环，上图中的"如果……那么……否则……"代码也可以利用同余简化为下面的代码。

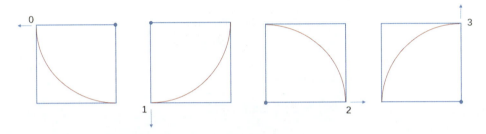

角色2接收到角色1发送的"开始"消息时，首先移动到与角色1相同的位置，并设定初始的方向。对于每一个顶点的位置，角色2所面向的方向如下图所示。

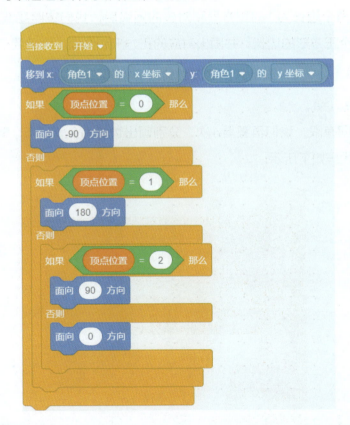

对应的代码可以通过条件判断给出，具体如下。

类似地，注意到-90°方向等同于270°方向，因此面向方向的序列是270°，180°，90°，

0°，从而上面的一大段"如果……那么……否则……"代码，也可以简化成以下语句。

当角色2接收到角色1发送的"移动到下一位置"消息时，就先移动到圆心，然后左转2°，再移动回圆周，此时已经移动到了下一位置，因此广播"已到下一位置"消息。

当画完前面两个边长为1的正方形和对应的圆弧后，我们按照斐波那契数列的递推公式计算出下一个正方形的边长，并画出对应的正方形和圆弧。为此我们定义了3个变量 前一边长 当前边长 下一边长 ，分别表示斐波那契数列相邻的3项 a_{n-1}，a_n，a_{n+1}，它们满足这一递推关系：$a_{n+1}=a_{n-1}+a_n$。

由于屏幕空间有限，我们再重复4次，分别画出边长为2、3、5、8的正方形及对应的圆弧，对应的代码如下所示。

在上面这段代码中，我们利用了编程中常用的一个技巧——迭代。每一次，我们都把"前一边长"设为"当前边长"，"当前边长"设为"下一边长"，并利用"下一边长＝前一边长＋当前边长"计算出下一个正方形的边长。

执行整个程序，最后的结果如下图所示。

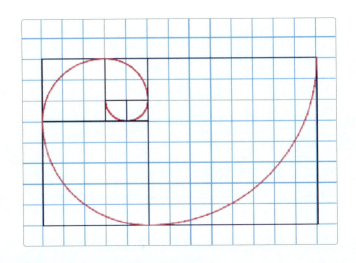

怎么样，是不是很美？你也赶紧来试一试吧！

5. 字典序与排序

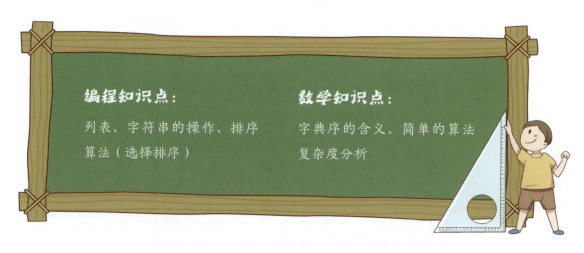

编程知识点：
列表、字符串的操作、排序算法（选择排序）

数学知识点：
字典序的含义、简单的算法复杂度分析

在这一章，我们的任务是将一组英文单词按字典序进行自动排列。

数学小知识：字典序的定义

在日常生活的很多场景中，我们需要将两个字符串按照先后顺序排列。比如，将学生姓名按照拼音字母的顺序排列。那么，给定两个字符串，如何排列两个字符串的先后顺序呢？如给定 apple 和 applaud 两个单词，哪个在前，哪个在后呢？

通常，我们按照字典序来对单词进行排列。使用字典序来比较两个单词，规则如下。

从左到右逐个比较每一位字母，直到出现字母不同的情况时为止。此时，哪个字母在 a~z 中的排序靠前，对应的单词就排在前面。比如，对于 apple 和 applaud 这两个单词，从第 1 位开始，一直到比较到第 5 位出现两个字母不同的情况时停止比较，此时，由于在 a~z 中的排序 a 比 e 靠前，因此 applaud 在字典中应该排在 apple 前面。当然，还有一种情况，即一直比较到某一个单词的最后一位时，都没有发现不同。此时，长度短的单词排在长度长的单词前面。比如 day 和 daytime，day 应该排在 daytime 前面。

5.1 词库与随机生成题目：再谈列表

下面我们就编写一个对不同单词排序的程序。我们在项目中定义了两个列表：第一个名为"词库"的列表用于存储词库，第二个"待排列单词"用于存储从词库中随机抽取的若干单词生成的待排列单词集。

我们定义了一个名为"生成词库"的自制积木，用于将一些单词加入词库。

"生成词库"的定义很简单，就是利用"将……加入……"积木，反复地把一些单词加入词库。这里，我们显示了部分加入词库的单词。

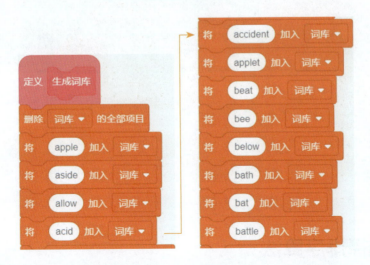

我们还定义了一个"生成待排列单词"的自制积木，这个积木随机地从词库中选择6个单词，将其加入"待排列单词"的列表中。需要注意的是，如果一个单词已经被加入过

了，那么不能被再次加入。

为此，我们首先把变量"随机下标"设为1到"词库的项目数"中的一个值。

然后，我们需要判断这个"随机下标"所对应的单词是否已经在"待排列单词"中。我们可以通过下面的条件对此进行判断。如果待排列单词不包含这个单词，那就把单词库中随机下标位置的单词加入"待排列单词"，否则忽略这次选择，重新生成一个随机下标。

该自制积木的完整代码如下。

```
定义 生成待排列单词

删除 待排列单词▼ 的全部项目

将 待排列单词数▼ 设为 0

重复执行直到 〈待排列单词数 = 6〉
    将 随机下标▼ 设为 在 1 和 词库▼ 的项目数 之间取随机数
    如果 〈 待排列单词▼ 包含 词库▼ 的第 随机下标 项 ？ 不成立 〉 那么
        将 词库▼ 的第 随机下标 项 加入 待排列单词▼
        将 待排列单词数▼ 增加 1
```

5.2 选择排序算法

下面，我们对随机选择的6个单词进行排序。在看具体的排序算法之前，不妨思考一下这个场景。

你有26张字母卡片，但不小心把它们打乱了，你会怎样把它们重新整理成有顺序的呢？

你是不是会首先从26张卡片里挑出写有字母A的卡片，然后在剩下的25张卡片里挑出写有字母B的卡片，依此类推，一直到最后取出写有字母Z的卡片。这种朴素的做法就是计算机编程中经常用的一种排序算法。它有一个专门的名称——选择排序。

对于选择排序，我们总是把序列分为已排序元素（见右图中的绿色部分）和未排序元素（见右图中的蓝色部分）。

每一次，我们从未排序的第一个元素开始，找出所有未排序元素中的最小元素，并记录其位置。比如，上面的未排序元素中的最小元素为9，处于位置6。

然后将未排序的第一个数和最小数交换，交换后，已排序的序列长度就增加了1。

不停地重复上述过程，直至未排序元素个数为0为止，整个序列就排好了。

我们定义了一个自制积木"选择排序"，用于对"待排列单词"进行排序。主程序很简单，只需要调用3个自制积木即可。下面，我们重点介绍"选择排序"这个自制积木的实现。

 自定义单词大小比较

我们首先介绍选择排序的第一种实现方法，在这种方法里，我们自己用代码实现了单词大小的比较，我们把比较结果记录在变量"比较结果"中：如果单词1与单词2相等，则比较结果为0；如果单词1大于单词2，则比较结果为1；如果单词1小于单词2，则比较

结果为 −1。

首先，我们确定单词1和单词2长度的最小值，记作公共长度。

然后，我们从左往右逐个比较单词1和单词2的每个字符，直到满足两个条件之一停止比较：要么是其中一个字符串已结束，要么是比较到两个单词的字母出现不同的情况。

```
如果 ( 单词1 的字符数 > 单词2 的字符数 ) 那么
    将 公共长度 ▾ 设为 单词2 的字符数
否则
    将 公共长度 ▾ 设为 单词1 的字符数
```

```
将 k ▾ 设为 1
重复执行直到 ( k > 公共长度 ) 或 ( 单词1 的第 k 个字符 = 单词2 的第 k 个字符 ) 不成立
    将 k ▾ 增加 1
```

一旦循环终止，我们就根据终止条件来设置变量"比较结果"的值，代码如下。

```
如果 ( k > 公共长度 ) 那么
    如果 ( 单词1 的字符数 = 单词2 的字符数 ) 那么
        将 比较结果 ▾ 设为 0
    否则
        如果 ( 单词1 的字符数 < k ) 那么
            将 比较结果 ▾ 设为 -1
        否则
            将 比较结果 ▾ 设为 1
否则
    如果 ( 单词1 的第 k 个字符 < 单词2 的第 k 个字符 ) 那么
        将 比较结果 ▾ 设为 -1
    否则
        将 比较结果 ▾ 设为 1
```

5.4 基于自定义单词大小比较的选择排序

基于5.2节的选择排序算法和5.3节的单词大小比较，我们就可以写出选择排序算法的代码。我们定义了"最小单词"和"最小单词下标"两个变量来分别存储当前未排序的序列中最小的单词及其下标。初始时，我们把最小单词设置为未排序的序列中的第一个单词，然后我们将它与未排序的单词逐一比较，如果发现存在比最小单词小的单词，则将最小单词和最小单词下标设置为新的值。当遍历完所有未排序的单词后，我们把最小单词和未排序的单词中的第一个交换位置。

```
定义 选择排序
将 I 设为 1
重复执行 6 次
    将 最小单词 设为 待排列单词 的第 I 项
    将 最小单词下标 设为 I
    将 J 设为 I + 1
    重复执行 6 - I 次
        将 待比较单词 设为 待排列单词 的第 J 项
        单词比较 最小单词 待比较单词
        如果 比较结果 = 1 那么
            将 最小单词 设为 待比较单词
            将 最小单词下标 设为 J
        将 J 增加 1
    如果 最小单词下标 = I 不成立 那么
        交换单词 最小单词下标 I
    将 I 增加 1
```

在上述的代码中，我们定义了一个自制积木"交换单词"，其作用是把待排列单词列表中位置1和位置2处的单词交换一下位置，定义如下。

```
定义 交换单词 位置1 位置2
将 临时单词 设为 待排列单词 的第 位置1 项
将 待排列单词 的第 位置1 项替换为 待排列单词 的第 位置2 项
将 待排列单词 的第 位置2 项替换为 临时单词
```

5.5 直接利用Scratch默认的单词大小比较功能

除了自己写代码比较两个单词的大小，我们也可以直接利用Scratch提供的比较单词大小的功能。Scratch里的"＞"运算符，可以直接按字典序比较两个字符串的大小。基于此，我们可以写出如下自制积木"选择排序"的完整代码。

在编写比较复杂的程序时，我们要学会利用已有的功能，也就是复用已有的代码，尽量避免重复造轮子。只有站在巨人的肩膀上，我们才能看得更远。

 ## 5.6　选择排序的复杂度分析

下面，我们简要分析一下选择排序需要进行比较的次数。比如，对于一个包含10个单词的序列，我们模拟整个程序的执行过程。

在10个单词中挑选出一个最小的单词，我们需要进行9次比较。

在剩下的9个单词中挑选出一个最小的单词，我们需要进行8次比较。

…………

最后在2个单词中挑选出一个较小的单词，我们需要进行1次比较。

因此，总共比较的次数为9+8+7+6+5+4+3+2+1=45次。

一般地，对于一个包含n个单词的序列，总共需要比较的次数为$1+2+3+\cdots+(n-1)=n(n-1)/2$次。

6. 汉诺塔与递归

编程知识点：

克隆体的应用

数学知识点：

递归操作、指数爆炸

6.1 汉诺塔问题

相传，在瓦拉纳西（位于印度北部）的圣庙里，有一块黄铜板上插着3根宝石针。其中一根针上，从下到上按照由大到小的顺序穿了64个金片，这就是所谓的汉诺塔。不论白天黑夜，总有一个僧侣按照下面的法则移动这些金片：一次只移动一个，不管在哪根针上，小片必须在大片上面。僧侣们预言，当所有的金片都从最初穿好的那根针上移到另外一根针上时，世界就将在一声霹雳中毁灭。

请问，僧侣们的预言是不是太夸张了？

6.2 僧侣们夸张了吗

我们可以从比较简单的情况开始思考这个问题（下文用盘片代替金片，用柱代替宝石针）。

如果只有1个盘片，那直接把这个盘片从A柱移到C柱即可，只需要1步。

如果有2个盘片，则需要3步，如下图所示。

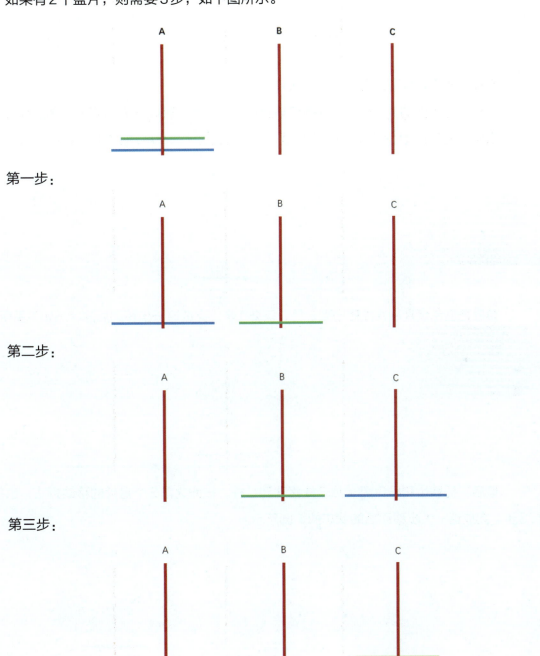

第一步：

第二步：

第三步：

如果有3个盘片，为了把最下面的蓝色盘片移动到C柱，此时上面的紫色和绿色盘片只能在B柱上。

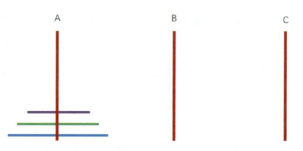

因此，整个过程可以分为以下三大步。

首先，把上面的2个盘片从A柱移动到B柱。此时，可以认为最底下蓝色的盘片不存在。根据之前2个盘片的移动方法，需要3步。完成这一大步移动后的状态如下图所示。

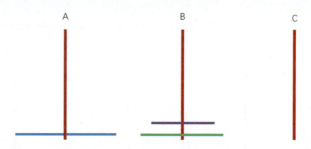

接着把蓝色盘片从A柱移动到C柱，需要1步，完成这一步移动后的状态如下图所示。

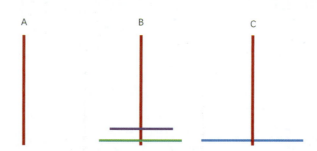

最后，把紫色和绿色盘片从B柱移动到C柱，按照之前2个盘片的移动方法，也需要3步。完成这一大步移动后的状态如下图所示。

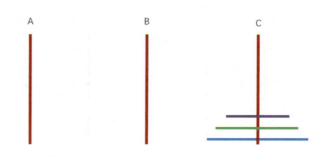

因此，一共需要7步（3+1+3=7）。

一般地，如果有 n 个盘片，考虑到最下面一个盘片，是要将其从 A 柱移动到 C 柱，则移动前的状态必然是 $n-1$ 个盘片从小到大叠在 B 柱上。

也就是说，为了完成任务，需要首先将上面的 $n-1$ 个盘片从 A 柱借助 C 柱移动到 B 柱，然后将最大的一个从 A 柱移动到 C 柱，最后再将 B 柱上的 $n-1$ 个盘片借助 A 柱移动到 C 柱。设 n 个盘片的移动步数为 $f(n)$，则满足以下递推公式。

$$\begin{cases} f(1)=1 \\ f(n)=2f(n-1)+1,\ n>1 \end{cases}$$

当 n=1，2，3，4，5，6时，$f(n)$ 分别为1，3，7，15，31，63。

不难推出，$f(n)=2^n-1$。当 n=64时，$f(64)=2^{64}-1$。

假如僧侣们每一步都不出错，并且每秒移动一个，那么需要 $2^{64}-1$ 秒才能完成整个任务！这个数到底是什么概念呢？我们可以换算一下，看看大致需要多少年。我们知道，一年通常有31 536 000秒（365×24×3600=31 536 000），而 $2^{64}÷31\ 536\ 000≈$ 584 942 417 355，也就是将近6000亿年！据测算，太阳的寿命约为100亿年，目前太阳大约是46亿岁，还能存在50多亿年。由此可见，僧侣们所说绝非虚言。

数学小知识：指数爆炸的威力

有一个故事，讲的是一个国王要赏赐一个大臣，就让他自己提一个方案。大臣说："我的要求不高，只要在棋盘的第一个格子里装1粒米，第二个格子里装2粒，第三个格子装4粒，第四个格子装8粒，以此类推，直到把64个格子装完。"国王一听，暗暗发笑，这要求太低了，照办！

装米的工作进展神速，不久棋盘就装不下了，改用麻袋，麻袋也装不下了，改用小车，小车也装不下了，粮仓很快告罄。数米的人累昏无数，那格子却像一个无底洞，越来越填不满，把全国的米搬来都不够。这就是指数爆炸的威力。国王终于发现，他上当了，一个东西哪怕基数很小，一旦每次成倍增长，很快就会变得非常非常大。

比如，比较 2^n 和 n^3 的大小，虽然当 n 比较小的时候（如 n=2，3时），n^3 大于 2^n，但当 $n≥10$ 以后，2^n 就比 n^3 大了，而且，两者的差距会迅速拉大。

 ## 6.3 递归思维与经典的递归案例

汉诺塔是经典的递归案例。在计算机编程实现中常常有两种方法：一是迭代（Iteration），二是递归（Recursion）。从概念上讲，递归就是指程序调用自身的编程思想；迭代是利用已知的变量值，根据递推公式不断演进得到变量新值的编程思想。

俄罗斯套娃可以用来形象地比喻递归的思想：我们将俄罗斯套娃一层一层打开，每次打开，都得到一个长得与原来的套娃一样但略小的套娃（与原问题具有相同的结构但规模较小），最终，总有一个最小的套娃不能再打开（对应于递归终止条件）。

除了俄罗斯套娃，多米诺骨牌也体现了递归思想。

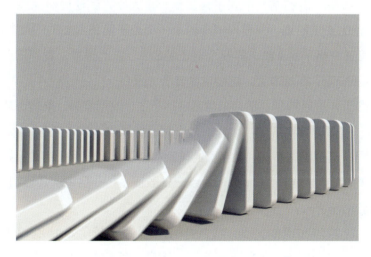

总结一下，递归的要点包括以下3点。

（1）递归要有出口，即终止条件。

（2）找到与原问题具有相同的结构但规模更小的问题。

（3）分析清楚大问题和小问题之间的关系，并用递推关系表示出来。

下面，我们用递归思想来分析几个简单的问题。

（1）求阶乘

由于$n!=n×(n-1)×(n-2)×\cdots×2×1=n×(n-1)!$，我们发现$n!$和$(n-1)!$有关系。

如果记$F(n)=n!$，那么有

$$F(n)=n×F(n-1)$$

初始条件：$F(1)=1$

（2）求和

其实$1+2+\cdots+n$也可以用递归的思维来理解。

记$\text{sum}(n)$表示$1\sim n$的和，那么$\text{sum}(n)=n+\text{sum}(n-1)$；初始条件：$\text{sum}(1)=1$。

（3）辗转相除法求最大公约数

我们可以用辗转相除法求两个非零自然数$a, b(a \geq b)$的最大公约数$\gcd(a, b)$。

假设a是b的倍数，那么$\gcd(a, b)=b$，否则根据带余除法，a一定可以表示为$a=b×q+r(0 < r < b)$，则$\gcd(a, b)=\gcd(b, r)$。这就是一种递归做法。

 6.4 **模拟汉诺塔的移动**

一般人很难一步不错地移动汉诺塔的盘片，那能不能让计算机来模拟这一过程呢？

为了模拟汉诺塔里的n个盘片，我们利用Scratch提供的克隆功能：我们克隆出n个盘片，每个盘片有自己的大小和位置，也能独立地移动。

我们为盘片这个角色定义两个局部变量：我的编号、我的y坐标。这样，每个盘片都有自己唯一的编号和独立的y坐标。

我们定义3个全局变量：当前编号、当前大小、当前y坐标。这3个变量用于在初始化克隆对

象的时候为每个盘片指定编号、大小和 y 坐标。

当克隆盘片时，进行初始化，按盘片从大到小的顺序设定每个盘片的大小、编号和 y 坐标。

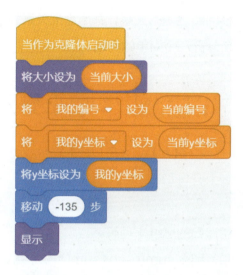

初始化结束后，就可以进行移动操作了。按照之前的分析，如果要移动 n 个盘片，我们首先要移动上面的 $n-1$ 个盘片，这个问题除了规模比原问题小 1，其结构和原问题是一模一样的，因此可以利用递归程序来实现。

我们定义一个自制积木"hannuota"，其中包括 4 个参数，即需要移动的盘片数量、起始柱编号、中间柱编号、目的柱编号。这个积

木的任务就是把指定片数的盘片从起始柱借助中间柱移动到目的柱。

根据递归的做法，我们定义自制积木 hannuota（片数，起始，中间，目的）如下。

如果片数 =1，那么我们直接把这个盘片从起始柱移动到目的柱即可。

如果片数 >1，那么：

- 首先，我们把 $n-1$ 个盘片从起始柱借助目的柱移动到中间柱，这个问题的结构和原问题是一样的，可以表示为 hannuota（$n-1$，起始，目的，中间）。
- 其次，把编号为片数的盘片从起始柱移动到目的柱。
- 最后，我们把 $n-1$ 个盘片从中间柱借助起始柱移动到目的柱，这个问题的结构和原问题也一样，可以表示为 hannuota（$n-1$，中间，起始，目的）。

基于上面的分析，我们可以写出这个自制积木的完整定义（如下页所示）。其中，目标编号用于记录需要移动的盘片的编号。

```
定义 hannuota 片数 起始 中间 目的

如果 片数 = 1 那么
    说 连接 连接 起始 和 - 和 目的 2 秒
    将 起始柱 ▼ 设为 起始
    将 目标柱 ▼ 设为 目的
    将 目标编号 ▼ 设为 1
    广播 移动 ▼ 并等待
否则
    hannuota 片数 - 1 起始 目的 中间
    说 连接 连接 起始 和 - 和 目的 2 秒
    将 起始柱 ▼ 设为 起始
    将 目标柱 ▼ 设为 目的
    将 目标编号 ▼ 设为 片数
    广播 移动 ▼ 并等待
    hannuota 片数 - 1 中间 起始 目的
```

移动操作由盘片角色接收"移动"消息并响应来实现。一旦克隆体接收到"移动"消息，就判断自己的编号是否和目标编号相同，如果相同，则移到相应的位置，注意此时保持 y 坐标不变。而由于两个柱子水平之间的距离为135步，在角色默认面向目标柱的情况下，我们可以直接移动（目标柱−起始柱）×135步。

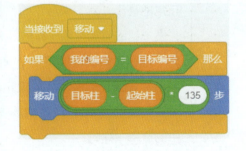

最后，在主程序中，只需要调用自制积木即可。

程序编完了，赶紧让汉诺塔动起来吧！看看程序是不是能按照预想的方式运行呢。

7. 掷硬币：记录与数据处理

编程知识点：

克隆、列表、数据处理与分析

数学知识点：

计算与古典概率，伯努利试验

数学小知识：掷硬币的概率问题

　　小朋友们要做出选择的时候喜欢用"点兵点将"的方法。如果只有两个候选项，比如周末是去公园还是去图书馆，更方便的做法是通过掷硬币来辅助决策：硬币落下来，正面朝上和反面朝上分别代表去公园和去图书馆。对于一枚正常的硬币，落下来后正面朝上或反面朝上的概率应该都是1/2，因此去公园和去图书馆的可能性是一样的。

　　现在假如又增加了一个博物馆的选项，但很遗憾，我们手头还是只有两枚硬币。如果我们做下面的设定：落下时如果都是正面朝上就选择公园，如果是一正一反就选择图书馆，如果都是反面朝上就选择博物馆，那么3个目的地被选中的概率一样吗？

　　我们知道：同时掷两枚硬币X和Y，最后可能会出现以下4种情况。

X=正，Y=正

X=正，Y=反

X=反，Y=正

X=反，Y=反

因此，出现一正一反的概率是1/2，是同时为正面或同时为反面的可能性的2倍。

那如果掷4枚硬币，出现两正两反的概率是多少呢？是不是也是1/2呢？

我们知道，掷4枚硬币的结果一共有以下16种可能。

正正正正

正正正反

正正反正

正反正正

反正正正

正正反反

正反正反

正反反正

反正正反

反正反正

反反正正

正反反反

反正反反

反反正反

反反反正

反反反反

在这16种可能中，有6种是两正两反，因此概率是6/16=0.375，不是1/2。

思考题

请问：下列两个事件发生的概率是否相同？

（1）掷3枚硬币，至少有2枚正面朝上的概率。

（2）掷6枚硬币，至少有4枚正面朝上的概率。

类似于这样的概率问题，除了理论计算，我们还可以通过编程来模拟多次试验，最终统计事件发生的概率。

7.1 试验模拟与数据记录

首先，我们模拟投掷3枚硬币的试验，并统计至少有2枚硬币正面朝上的概率。

我们设计一个名为"硬币"的角色，它有正面和反面两个造型。为了模拟不止一枚硬币的投掷，我们使用克隆功能。我们为硬币角色定义一个局部变量"我的编号"，作为每枚克隆出来的硬币的唯一编号。等所有硬币克隆完成后，我们再把最初的那枚硬币的"我的编号"设为0，并隐藏该角色。类似地，我们定义一个局部变量"我的x坐标"，用于存储每枚克隆硬币的x坐标，每次克隆后都将其值增加100。

为了记录每次试验的结果，我们定义一个名为"记录表"的列表，用于记录所有硬币每次掷完后的朝向。

每当克隆新对象时，执行右面的代码，将硬币移动到对应的位置。每个克隆体有一个私有的"我的造型编号"变量，用于记录该硬币当前的造型编号。初始时，造型编号为1，代表硬币正面。如果造型编号取值为2，那就代表硬币反面。

我们让程序在空格键被按下时开始模拟掷硬币的试验，每枚硬币都执行"投掷次数"次投掷试验。注意，我们只让克隆体执行硬币投掷试验，也就是满足 我的编号 = 0 不成立 的这些克隆体。

我们简单地通过切换造型来模拟硬币翻动的动画，每一次投掷，硬币都随机翻动若干次，最后定型。

下面这段代码确定硬币随机翻动若干次后的朝向，并将硬币投掷的结果记录到记录表中。只有当随机翻动次数为奇数时，才会改变"我的造型编号"。硬币投掷结果记录的格式是：硬币编号，朝向编号。朝向编号为1，表示正面朝上；朝向编号为2，表示反面朝上。

整个投掷试验的完整代码如下。

7.2 数据处理

很多程序都是预先把数据记录下来，最后再进行数据处理。我们等所有投掷结束后，对记录表中的结果进行处理。我们通过按下p键来执行结果处理，由于只需要处理一次，我们不让克隆体执行该代码，而是让满足 $\boxed{我的编号 = 0}$ 的硬币角色来处理数据。我们定义一个变量"满足要求的事件数"来统计最后正面朝上的硬币数量至少为2的事件次数。

数据处理逻辑如下：我们将列表中每 $\boxed{硬币数量}$ 个元素看成一组，一共有 $\boxed{投掷次数}$ 组。对于每一组，我们统计正面朝上的硬币数量，如果正面朝上的硬币数量满足要求（即至少为2），那么将"满足要求的事件数"的值加1。整个处理是一个双重循环，外层循环执行"投掷次数"次，内层循环执行"硬币数量"次。完整的数据处理代码如下。

将投掷次数设为200，单击小绿旗执行代码，结果如下图所示。

下表是多次运行程序记录的试验结果。

投掷次数	至少有2枚硬币正面朝上的次数	至少有2枚硬币正面朝上的概率
100	56	56%
100	46	46%
100	40	40%
100	48	48%
100	51	51%
200	90	45%
200	99	49.5%
200	96	48%
200	105	52.5%
200	111	55.5%
500	236	47.2%
500	244	48.8%
500	271	54.2%

那么如果是6枚硬币，要求最后至少有4枚硬币正面朝上呢？我们对程序略做修改，让硬币数量增加到6枚。再进行试验，记录下满足要求的事件数的概率。程序运行的结果如下页图所示。

下表是多次运行程序记录的试验结果。

投掷次数	至少有4枚硬币正面朝上的次数	至少有4枚硬币正面朝上的概率
200	67	33.5%
200	67	33.5%
200	57	28.5%
200	68	34%
200	81	40.5%
500	168	33.6%
500	156	31.2%
500	160	32%

我们发现：掷3枚硬币，至少有2枚正面朝上的概率和掷6枚硬币，至少有4枚正面朝上的概率并不相同，这是为什么呢？

7.3　理论分析

对于上面的试验结果，我们可以进行如下分析。

掷3枚硬币，最后的朝向有下面这8种可能。

正正正、正正反、正反正、反正正、正反反、反正反、反反正、反反反

上面的每一种结果出现的可能性应该是一样的。可以看到，至少有2枚硬币正面朝上的情况有4种，因此最终有2枚硬币正面朝上的概率应为1/2（50%）。从试验的统计数据来看，基本符合这一结论。而且，投掷的次数越多，概率越逼近1/2。

而根据乘法原理，6枚硬币的朝向一共有64种（$2^6=64$），每一种都是等概率出现的。其中，满足至少有4枚硬币正面朝上这一条件的可以分为以下3类。

（1）6枚硬币正面全朝上，共有1种。

（2）5枚硬币正面朝上，1枚硬币正面朝下，共有6种。

（3）4枚硬币正面朝上，2枚硬币正面朝下，共有15种（$6×5÷2=15$）。

因此，在这64种可能的结果中，满足要求的一共有22种，概率为34%（$22/64=11/32≈34\%$）。可以看到，试验结果与理论分析也基本吻合。

其实，换个角度思考一下，除了至少4枚硬币正面朝上的情况，对称地，还有至少4枚硬币正面朝下的情况，另外还有3枚硬币正面朝上、3枚硬币正面朝下的情况。因此，至少4枚硬币正面朝上的概率肯定小于1/2。

8. 埃氏筛法求素数

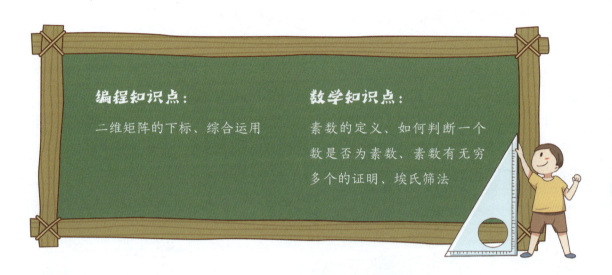

编程知识点：

二维矩阵的下标、综合运用

数学知识点：

素数的定义、如何判断一个数是否为素数、素数有无穷多个的证明、埃氏筛法

8.1 素数的判断

在6.3节，我们给出了用辗转相除法求最大公约数的算法，这个算法可以转化为如右图所示的基于枚举思想判断一个自然数是否为素数的算法。

但这样的做法，做除法的次数有点多：为了确定N是不是素数，需要做$N-2$次除法。虽然计算机的运算速度很快，但也应该尽可能简化运算。

事实上，并不需要一直除到$N-1$，只需要除到满足$i \times i > N$的i即可。这是因为，如果N是合数，那一定可以表示成$N = a \times b$，我们可以假设$a \leqslant b$，那么，一定有$a < i$（否则，$b \geqslant a \geqslant i$，$a \times b \geqslant i \times i > N$）。从而，右侧的程序可以改进成如

下所示的程序，只需要做$\sqrt{N}-1$次除法即可。注意，其他都没变，我们只是把循环结束的条件改了一下。

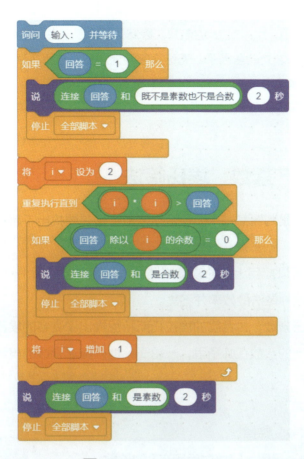

事实上，并不需要用不超过$\sqrt{N}$的所有自然数去除N，只要用不超过$\sqrt{N}$的素数去除就可以了，这将大大减少做除法的次数。比如对于$N=101$，只需要用2、3、5、7去除即可。这是因为，如果p不能除得尽N，那么p的倍数当然也不能除得尽N，比如101不是2的倍数，当然也不可能是4、6、8、10的倍数。

数学小知识：素数的个数

这里有一个问题：素数有多少个？虽然随着自然数的增大，素数越来越少，但素数有无穷多个。对此，欧几里得给出了有力的证明，堪称反证法的经典。

证明：假设素数只有有限多个，不妨将所有的素数从小到大记为：$p_1, p_2, \cdots,$ p_n，我们考虑下面的数：

$$P = p_1 \times p_2 \times \cdots \times p_n + 1$$

显然，P不是$p_1, p_2, \cdots, p_n$的倍数。因此，要么P本身是素数，要么P包含一个$p_1, p_2, \cdots, p_n$之外的素因子。无论是哪种情况，都与所有素数为$p_1, p_2, \cdots,$ p_n矛盾！因此，素数有无穷多个。

8.2 批量生产素数：埃氏筛法

如果我们的任务不是判断某一个数是否为素数，而是要找出不超过某个自然数的所有素数呢？

一种做法是我们可以应用上面的素数判别方法，逐一去判断1~N中的每一个自然数是否为素数。但是，这种做法的效率并不高。

为了更高效地找出素数，古希腊的埃拉托斯特尼提出了著名的埃氏筛法。它的思想非常简单，就好像把所有的数放在筛子里，一轮一轮地筛掉非素数的自然数，最后剩下的就是素数。

算法的基本过程如下。

步骤1：1不是素数，筛掉。

步骤2：2是素数，保留，筛掉之后所有2的倍数。

步骤3：剩下的数里第一个是3，由于在之前筛2的倍数时并没有筛掉3，因此3不能被2整除，因此3一定是素数，保留，筛掉之后所有3的倍数。

每一次，剩下的数里的第一个数k一定是素数（因为它不能被前面的所有素数整除），保留，然后筛掉之后所有k的倍数。

如此反复，一直到$k^2 > N$为止。

例：用埃氏筛法求100以内的所有素数。

初始：

1	2	3	4	5	6	7	8	9	10
11	12	13	14	15	16	17	18	19	20
21	22	23	24	25	26	27	28	29	30

31	32	33	34	35	36	37	38	39	40
41	42	43	44	45	46	47	48	49	50
51	52	53	54	55	56	57	58	59	60
61	62	63	64	65	66	67	68	69	70
71	72	73	74	75	76	77	78	79	80
81	82	83	84	85	86	87	88	89	90
91	92	93	94	95	96	97	98	99	100

第一步：筛掉1

~~1~~	2	3	4	5	6	7	8	9	10
11	12	13	14	15	16	17	18	19	20
21	22	23	24	25	26	27	28	29	30
31	32	33	34	35	36	37	38	39	40
41	42	43	44	45	46	47	48	49	50
51	52	53	54	55	56	57	58	59	60
61	62	63	64	65	66	67	68	69	70
71	72	73	74	75	76	77	78	79	80
81	82	83	84	85	86	87	88	89	90
91	92	93	94	95	96	97	98	99	100

第二步：筛掉2的倍数（不包括2）

	2	3	~~4~~	5	~~6~~	7	~~8~~	9	~~10~~
11	~~12~~	13	~~14~~	15	~~16~~	17	~~18~~	19	~~20~~
21	~~22~~	23	~~24~~	25	~~26~~	27	~~28~~	29	~~30~~
31	~~32~~	33	~~34~~	35	~~36~~	37	~~38~~	39	~~40~~
41	~~42~~	43	~~44~~	45	~~46~~	47	~~48~~	49	~~50~~
51	~~52~~	53	~~54~~	55	~~56~~	57	~~58~~	59	~~60~~
61	~~62~~	63	~~64~~	65	~~66~~	67	~~68~~	69	~~70~~
71	~~72~~	73	~~74~~	75	~~76~~	77	~~78~~	79	~~80~~
81	~~82~~	83	~~84~~	85	~~86~~	87	~~88~~	89	~~90~~
91	~~92~~	93	~~94~~	95	~~96~~	97	~~98~~	99	~~100~~

第三步：筛掉3的倍数（不包括3）

2	3	5	7	~~9~~
11	13	~~15~~	17	19
~~21~~	23	25	~~27~~	29
31	~~33~~	35	37	~~39~~
41	43	~~45~~	47	49
~~51~~	53	55	~~57~~	59
61	~~63~~	65	67	~~69~~
71	73	~~75~~	77	79
~~81~~	83	85	~~87~~	89
91	~~93~~	95	97	~~99~~

第四步：筛掉5的倍数（不包括5）

2	3	5	7	
11	13		17	19
	23	~~25~~		29
31		~~35~~	37	
41	43		47	49
	53	~~55~~		59
61		~~65~~	67	
71	73		77	79
	83	~~85~~		89
91		~~95~~	97	

第五步：筛掉7的倍数（不包括7）

2	3	5	7	
11	13		17	19
	23			29
31			37	
41	43		47	~~49~~
	53			59
61			67	

71	73	~~77~~	79
	83		89
~~91~~		97	

至此，剩下的25个数都是素数。

模拟埃氏筛法的过程

下面，我们用Scratch编程来模拟整个埃氏筛法的过程并将其可视化展示。我们定义了两个角色：数字和删除线。数字角色有10个造型，分别对应数字1，2，3，…，9，0，其作用是生成所有的数，而删除线角色则用于在不是素数的数上面画一条删除线。

我们定义3个变量：横向间隔、纵向间隔和数字间隔。其中，横向间隔用于控制同一行两个相邻的数之间的间隔，纵向间隔用于控制同一列两个相邻的数之间的间隔，而数字间隔则用于控制同一个数内部不同的单个数字的间隔（比如两位数53，数字间隔用于控制5和3的间隔）。

此外，我们还定义了两个列表：所有数和素数。其中所有数列表里面放的是0~99的所有自然数，而素数列表则存储最后的结果。

程序开始执行时，数字角色进行必要的初始化后，就调用自制积木"布局"，进行0~99这100个自然数的布局。

自制积木"布局"的定义如下。我们用一个双重循环来完成布局的任务。内层循环用于写出一行的10个数，每一行写完后，我们把角色移动到下一行的开始（x坐标为−120，y坐标减去纵向间隔）。外层循环执行10次，用于写出所有10行的数。我们用行与列两个变量来控制当前的位置，这两个变量都从0开始。在指定行与列的位置，对应的自然数就是：行×10+列。比如，第4行（行变量的值为3）第7列（列变量的值为6）的数应该是3×10+6=36。如果行等于0，那么我们只需要写出列对应的数字即可。如果行不等于0，那么说明是两位数，需要分别写出十位与个位数字。具体地，我们先把角色换成"行"编号的造型并用图章复制造型，然后移动"数字间隔"步，再把角色换成"列"编号的造型并用图章复制造型。

给孩子的计算思维书：图形化编程及数学素养课（进阶篇）

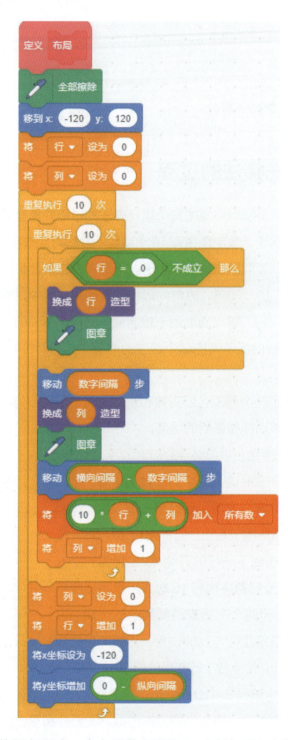

此时，单击小绿旗运行程序，会在屏幕上显示0~99这100个数。

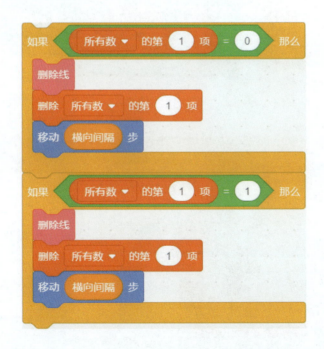

	0	1	2	3	4	5	6	7	8	9
	0	1	2	3	4	5	6	7	8	9
	10	11	12	13	14	15	16	17	18	19
	20	21	22	23	24	25	26	27	28	29
	30	31	32	33	34	35	36	37	38	39
素数	40	41	42	43	44	45	46	47	48	49
(空)	50	51	52	53	54	55	56	57	58	59
	60	61	62	63	64	65	66	67	68	69
	70	71	72	73	74	75	76	77	78	79
	80	81	82	83	84	85	86	87	88	89
+ 长度0 =	90	91	92	93	94	95	96	97	98	99

当我们按下空格键后，删除线角色开始执行埃氏筛法。

对于0和1，我们直接删除。

从2开始，我们每次都把"所有数"列表里的第一个数设为下一个素数，用方框圈出该素数，然后删除"所有数"列表中这个素数的所有倍数，并在对应的数上画删除线（不包含这个素数本身）。最后，把这个素数加入"素数"列表，并将其从"所有数"列表里删除。

一直重复执行这一过程，直至"所有数"列表为空。

我们用一个双重循环来实现这个功能。其中，内循环用于筛掉每一次所确定素数的倍数，外循环则用于不停地确定下一个素数。

```
重复执行直到  所有数▼ 的项目数 = 0
    将 下一个素数▼ 设为  所有数▼ 的第 1 项
    圈出素数
    将 I▼ 设为 2
    将 下一个数▼ 设为  下一个素数 * I
    重复执行直到  下一个数 > 99
        如果  所有数 包含 下一个数 ? 那么
            将 行▼ 设为 ( 下一个数 - ( 下一个数 除以 10 的余数 ) ) / 10
            将 列▼ 设为  下一个数 除以 10 的余数
            移动到 行 列
            删除线
            删除 所有数▼ 的第  所有数▼ 中第一个 下一个数 的编号 项
        将 I▼ 增加 1
        将 下一个数▼ 设为  下一个素数 * I
    将 下一个素数 加入 素数▼
    删除 所有数▼ 的第 1 项
```

其中，几个自制积木的定义如下。第一个自制积木用于将角色移动到指定的行与列，第二个自制积木用于在角色所在位置画一条删除线，第三个自制积木用于以正方形圈出下一个素数。

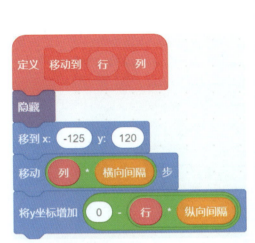

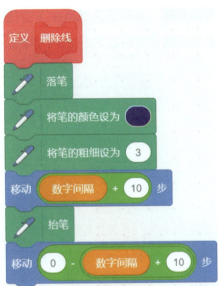

单击小绿旗，待布局完成后按下空格键，最后的效果如下图所示。可以看到，最后的素数列表中存储了100以内的25个素数。

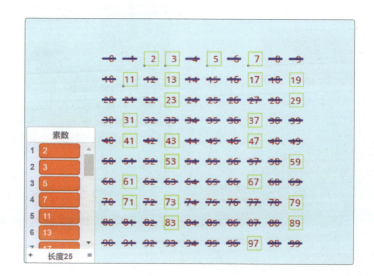

9. 找图书与二分查找

数学知识点：

二分搜索、计算搜索次数

9.1 找图书

二分查找在生活中的很多地方都有应用。让我们考虑一下下面这个有趣的问题。

庭庭和乐乐在书店买书，乐乐挑选了63本书并付完款放在小推车中，但庭庭不小心把自己拿的一本书放混了，也放进了乐乐的小推车中。当乐乐推着小推车出门时，门口的电子商品防盗系统警报响了。但庭庭忘了自己放进去的是哪本书，如果我们一本本地进行测试，最糟糕的情况需要测64次才行。那有没有更快的方法能找出庭庭的那本书呢？我们来帮帮庭庭吧。

9.2 二分查找

上面的问题其实就涉及查找。有一种比较快速的方法是二分查找，使用该方法要比按顺序一个个找快得多。

一个典型的问题是：要在一个已排序的序列里查找某个数，如果所找的数在序列里，则给出它出现的位置；如果不在序列里，则给出找不到的结论。比如，在下面这个从小到大排序的序列里，52出现在第8个数的位置，而50则没有出现在这个序列里。

| 5 | 9 | 19 | 23 | 29 | 40 | 43 | 52 | 89 | 91 | 99 |

我们可以从头开始，逐一比较每个数是否与所搜索的数相等，直至某个数大于或等于所搜索的数为止。但如果有 10 000 个数，平均而言需要比较大概 5000 次，最差情况则需要比较 10 000 次！

有没有更快速的方法呢？在上面的顺序查找中，每一次比较都仅仅将潜在的候选比较对象减少了一个。我们能不能通过一次比较将范围更快地缩小呢？比如，我们考虑中间的第 6 个数 40，我们发现 52>40，这意味着，在 40 之前的数都不用再比较了！因为它们比 40 小，那肯定也小于 52！这样经过一次比较，我们就排除了一半的数！也就是说，如果 52 在这个序列里，那么只可能出现在 40 以后（即第 7 个数至第 11 个数）的位置。

然后，我们找到剩下的序列里的中间数 89（第 9 个数），发现 52<89，这表明，如果 52 在序列里，只能在第 7 个数和第 8 个数之间。

按照这个方式，一共通过 4 次比较就可以确定 52 的位置。

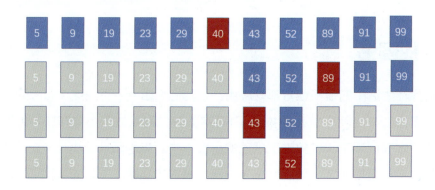

 9.3　编程模拟找图书

我们知道电子商品防盗系统一次可以检测一批书，只要其中有一本是庭庭放混的书，那么警报就会响起。下面，我们利用二分查找的思想来帮助庭庭快速确定自己的书。我们整个程序只使用一个角色，这个角色有 4 种造型。

书：角色初始时的造型。

警报：如果被检测的一批书里有自己的书，则被检测的书都会变成警报造型并闪烁。

安全：如果被检测的一批书里没有自己的书，则被检测的书都会变成安全造型。

自己的书：如果确定了某本书是自己的书，则会变成警报造型。

我们使用克隆体克隆出64本书,并将自己的书所在位置设定为1~64中间的随机值,用全局变量"自己的书编号"来定义自己的书的编号。我们为每个克隆体定义了以下局部变量。

我的编号:克隆体的编号,取值为1~64。

是否自己的书:表示是否是自己的书。

我的行号:书所在的行号。

我的列号:书所在的列号。

我们为角色定义了3个全局变量:最大编号、最小编号和中间编号(初始值分别为64、1和32),用于二分查找的算法。

当作为克隆体启动时,每个克隆体初始化自己的局部变量,并移动到8×8方阵中对

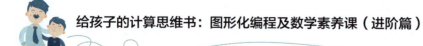

应的位置。每本书的编号从下往上，从左往右逐渐增加，如下图所示。

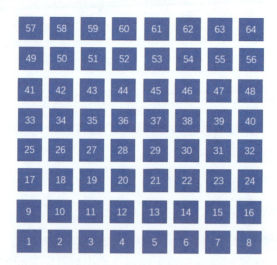

57	58	59	60	61	62	63	64
49	50	51	52	53	54	55	56
41	42	43	44	45	46	47	48
33	34	35	36	37	38	39	40
25	26	27	28	29	30	31	32
17	18	19	20	21	22	23	24
9	10	11	12	13	14	15	16
1	2	3	4	5	6	7	8

"当作为克隆体启动时"的代码如下。

```
当作为克隆体启动时
换成 书 造型
如果 我的编号 = 自己的书编号 那么
    将 是否自己的书 设为 1
否则
    将 是否自己的书 设为 0

将 我的列号 设为 我的编号 除以 8 的余数
如果 我的列号 = 0 那么
    将 我的列号 设为 8

将 我的行号 设为 我的编号 - 我的列号 / 8 + 1
移到 x: 我的列号 - 1 * 40 - 100 y: 我的行号 - 1 * 40 - 150
显示
```

我们定义一个变量"安全数量"，用于统计所检测的一批书里非自己书的册数。我们使用按下空格键这一事件触发一次检测。由于原始的角色和所有的克隆体都会接收到按下空格键这一事件，我们仅仅希望非克隆体对象（我的编号为0的对象）发起这一检测命令。

每次检测，我们只检测最小编号与中间编号之间的所有克隆体，即满足下面逻辑表达式的所有克隆体。

如果当前的书不是自己的书，则将安全数量加1，如果发现安全数量等于这一批要检测的数量，那就广播"安全"消息。

如果当前的书是自己的书，则分以下两种情况。

（1）如果最小编号＝中间编号，说明要检查的只有一本书，也就是找到了自己的书，直接显示自己的书造型即可。

（2）如果最小编号＜中间编号，说明要检查的有多本书，此时，仅仅广播"我的书在这"消息。

当编号为0的角色接收到了"我的书在这"的消息，广播"警报"消息，并等待2秒，即等所有最小编号到中间编号之间的克隆体都闪烁警报造型后，再更新中间编号、最大编号的值。此时，将最大编号设为中间编号，而将中间编号设为最大编号与最小编号之间的中间值。

所有符合条件的克隆体，接收到警报消息后，闪烁警报消息。

如果克隆体接收到安全消息，则直接换成安全造型即可；如果编号为0的角色接收到了安全消息，那么需要更新最小编号与中间编号。代码如下。

```
当接收到 安全 ▼
如果 我的编号 = 0 那么
    等待 2 秒
    将 最小编号 ▼ 设为 中间编号 + 1
    如果 最大编号 + 最小编号 除以 2 的余数 = 0 那么
        将 中间编号 ▼ 设为 最大编号 + 最小编号 / 2
    否则
        将 中间编号 ▼ 设为 最大编号 + 最小编号 - 1 / 2
如果 我的编号 < 最小编号 不成立 与 我的编号 > 中间编号 不成立 那么
    重复执行 2 次
        换成 书 ▼ 造型
        等待 0.2 秒
        换成 安全 ▼ 造型
        等待 0.2 秒
```

下页图是某一次执行上述程序的运行结果。在这一次执行中，自己的书编号为37。

第一步，程序会首先检测编号为1~32的所有书，发现是安全的，则1~32号书都换成安全造型。

第二步，程序会检测编号为33~48的所有书，发现其中含有自己的书，则所有33~48号书都会闪烁警报两次。

第三步，程序会检测编号为33~40的所有书，发现其中含有自己的书，则所有

33~40号书都会闪烁警报两次。

　　第四步，程序会检测编号为33~36的所有书，发现其中不含有自己的书，则33~36号书会换成安全造型。

　　第五步，程序会检测编号为37和38这两本书，发现其中含有自己的书，则37号和38号书会闪烁警报两次。

　　第六步，程序会检测编号为37的书，发现是自己的书，就将37号书换成自己的书造型。

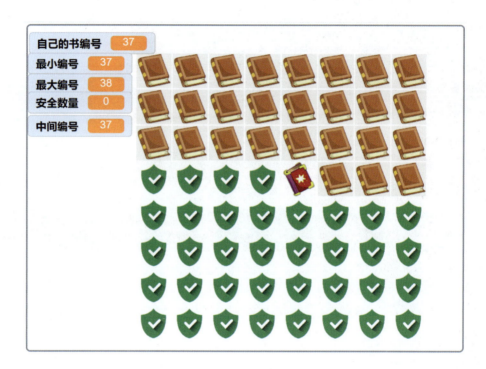

9.4　二分查找的速度

　　相比于顺序查找，二分查找的速度提升是惊人的。

　　对于64本书，每一次都将搜索范围缩小一半，因此只检测6次即可。而如果一个个查，最多要查64次，平均也得查32.5次。如果觉得这没什么，那可以考虑2^{64}本书的情况。如果一个个检测，假设每次检测花一秒，那么等太阳"燃烧"光了，也检测不完。而如果采用二分查找的方法来检测，则只需要检测64次就可以了！可以看到，速度的提升是非常明显的！

9.5 二分查找还可用于解决其他问题

二分查找还可以用于提升枚举速度。比如下面的问题。

现有1元和2元的纸币100张，共计158元，请问1元纸币和2元纸币各多少张？

我们用计算机编程求解时，通常采用枚举法，即从0张1元开始，逐一增加1元纸币的数量，输出满足要求的组合。这其实就是按顺序搜索可能的解答空间。

我们是不是可以用二分法加快搜索速度呢？我们知道1元纸币最少0张，最多100张，那是否可以用二分法快速确定1元纸币的张数呢？

第一步，我们测一下50张1元纸币和50张2元纸币的情况，此时一共150元，比158元少，因此1元纸币的张数应该少于50才对，也就是说，根据一次测试，我们把1元纸币张数的搜索范围变成了0~49。

第二步，继续测试24张1元纸币的情况。由于24张1元纸币和76张2元纸币的币值为176元，大于158元，因此1元纸币的张数要大于24，因此，经过第二次测试，我们把1元纸币张数的搜索范围缩小为25~49。

第三步，（25+49）/2=37，我们测试37张1元纸币的情况，此时币值为163元，还是大于158元，因此1元纸币的张数应该大于37才对，这样我们就把1元纸币张数的搜索范围缩小为38~49。

第四步，（38+49）/2≈43，43+57×2=157<158（元），因此1元纸币张数要小于43，从而1元纸币张数的搜索范围缩小为38~42。

第五步，（38+42）/2=40，40+60×2=160>158（元），因此1元纸币张数要大于40，从而1元纸币张数的搜索范围缩小为41~42。

第六步，（41+42）/2≈41，41+59×2=159>158（元），因此1元纸币张数要大于41，从而1元纸币张数的搜索范围缩小为42。

第七步，42+58×2=158（元），因此1元纸币42张，2元纸币58张。

可以看到，采用二分法，经过7步搜索，我们就可以得出正确的答案。具体的程序代码如下页所示。

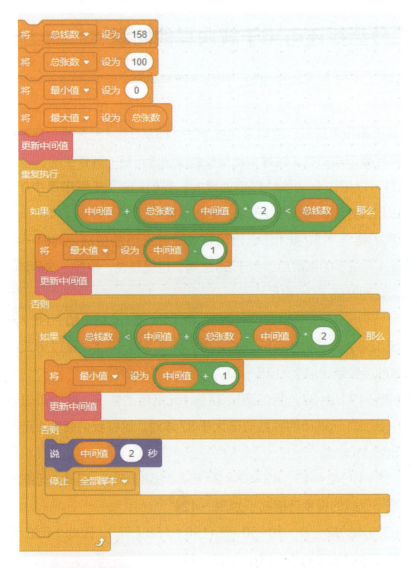

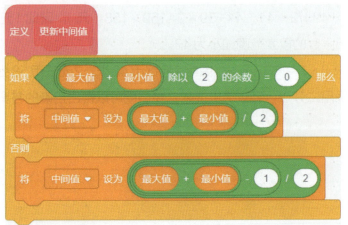

数学小知识：**为什么是二分法而不是三分法？**

为什么二分法是最快的？可不可以用三分法？

从数学的角度讲，二分法每次都将问题的规模缩小一半，也就是剩下问题的规模是原问题的1/2。如果用三分法会怎样？

所谓三分法，就是每次把剩下的盒子分成3份，然后测试其中的一份。如果运气好，一次可以排除约2/3的书，而如果运气差一点，则只能排除约1/3的书。那么，平均来说，一次可以排除多少本书呢？

我们知道，大概有2/3的概率，自己的书在剩下的2/3这堆书里，而有1/3的概率，自己的书在剩下的1/3这堆书里，因此，剩下盒子数量与所有盒子数量比值的平均值为2/3×2/3+1/3×1/3=5/9。

一般地，假如我们将书每次按照$x:(1-x)$来分，那么剩下的本数与原始盒子数之比的平均值为$x^2+(1-x)^2=1-2x(1-x)$。

在第2章中，我们知道，当两个数的和固定时，差越小，乘积越大。由于$x+(1-x)=1$，和固定，因此，当$x=1-x$，即$x=1/2$时，上面的式子取得最小值1/2。这就解释了为什么二分法是最快的。

思考题

将100分为若干个自然数的乘积，请问应该怎么分可以使这些自然数的乘积最大？

10. 天干地支纪年：最小公倍数

10.1 问题

我国古代的纪年方式，采用天干地支纪年法，天干为甲、乙、丙、丁、戊、己、庚、辛、壬、癸，地支是子、丑、寅、卯、辰、巳、午、未、申、酉、戌、亥，天干与地支结合纪年，如甲子、乙丑、丙寅，以此类推，如下表所示。

甲	乙	丙	丁	戊	己	庚	辛	壬	癸	甲	乙	丙	丁	戊	己	庚	辛	壬	癸
子	丑	寅	卯	辰	巳	午	未	申	酉	戌	亥	子	丑	寅	卯	辰	巳	午	未

比如，1898年是戊戌年，那一年发生了著名的戊戌变法，而1924年、1984年则是甲子年。天干数为10，地支数为12，两者的最小公倍数为60。所以，天干首"甲"与地支首"子"组成纪年元年，60年后它们（甲、子）才再次组合，成为一个"甲子"。后来人们就把60岁称为"甲子岁"。

假如我们知道1924年是甲子年，那有没有办法确定任意一个年份的天干地支纪年法的表示呢？比如2022年，由于2022-1924=98，而98=60+38，这说明2022年是在1924年的基础上过了一个甲子再加上38年。我们看到，由于天干和地支是分别计的，因此只需要以10为周期来推算天干，以12为周期来推算地支即可。为了算得天干，我们把38除以10取余数，得8，即"甲"之后开始的第8个天干，为"壬"；为了确定地支，只需要把38除以12取余数，得2，即"子"之后开始的第2个地支，为"寅"。因此，2022年为壬寅年。

那如果要推算1924年以前的年份的天干地支纪年表示，比如明朝灭亡的1644年呢？ 1644-1924为负数，但我们知道，1924-60k（k=1，2，…）年也是甲子年，比如1924-60×5=1624，1624年为甲子年。因此，我们可以用1644-1624=20来推算天干和地支。20除以10的余数为0，20除以12的余数为8，因此1644年应该为甲申年。

实际上，1644-（1924-60k）除以60的余数应该等于1644-1924除以60的余数。因此，我们可以直接用1644-1924的结果（-280）除以60取余，就得到了相对于某个甲子年的偏移年份数量。然后据此来推算天干和地支即可。

10.2 编程实现

下面，我们用编程来推算任何一个年份的天干地支纪年表示。

首先，我们定义两个列表：天干表和地支表，分别存储10个天干和12个地支。

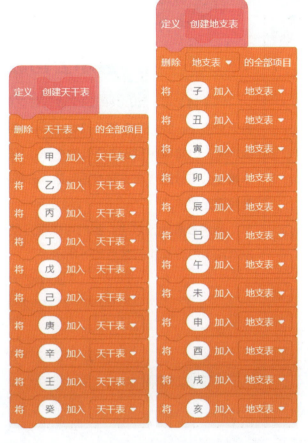

按照前面的分析，由于1924年为甲子年，我们就以此为基础，求任何一个输入年份减去1924年的结果再除以60的余数。然后，基于这个余数来求天干和地支即可。整个程序如下。

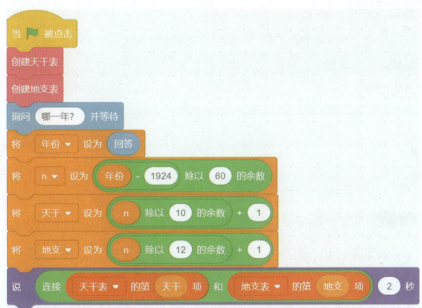

我们输入1894，程序将输出"甲午"，这表明程序的计算是正确的。

数学小知识：最小公倍数及其求法

两个自然数 a 和 b 共同的倍数叫作这两个数的公倍数。显然两个数的公倍数有无穷多个，我们把这些公倍数中最小的那个叫作这两个数的最小公倍数，记作 $[a，b]$。比如 30 和 18 的公倍数有 90，180，270，…两者的最小公倍数为 90。求最小公倍数的方法主要有短除法、分解质因数法和公式法。这里我们简单介绍分解质因数法。

利用分解质因数法，我们可以很方便地求多个自然数的最小公倍数。例如，360 和 140 分解质因数后如下所示。

$$360=2^3 \times 3^2 \times 5$$
$$140=2^2 \times 5 \times 7$$

则

$$[360, 140]=2^3 \times 3^2 \times 5 \times 7=2520$$

一般地，如果

$$x=p_1^{a_1} \times p_2^{a_2} \times \cdots \times p_n^{a_n}$$
$$y=p_1^{b_1} \times p_2^{b_2} \times \cdots \times p_n^{b_n}$$

则

$$[x, y]=p_1^{\max[a_1, b_1]} \times p_2^{\max[a_2, b_2]} \times \cdots \times p_n^{\max[a_n, b_n]}$$

这里，p_i 为质数，$a_i \geq 0$，$b_i \geq 0$，$i=1, 2, \cdots, n$，$\max[a_i, b_i]$ 表示取 a_i 和 b_i 中较大的那个。

思考题

（1）如下表所示，请问，如果按这个模式一直写下去，第 2022 列是什么？

A	B	C	D	A	B	C	D	A	B	C	D	…
1	2	3	4	5	6	1	2	3	4	5	6	…
我	爱	你	祖	国	我	爱	你	祖	国	我	爱	…

（2）在长18、宽12的台球桌上，将一个台球从左上角沿着45°角方向射出，假如只在台球桌4个角上设有球袋，并且如果台球不落袋将一直运动下去，那么台球最终会怎样？

A. 落到左上角的球袋中

B. 落到左下角的球袋中

C. 落到右上角的球袋中

D. 落到右下角的球袋中

E. 一直运动不落入袋中

11. 数字跳跃：最大公约数

数学知识点：

最大公约数，互质，辗转相除法，裴蜀定理

在小说《平面国》中，主角在某一次梦境中梦见了直线国。在这个神奇的国度里，所有的人只能沿着一条直线移动，他们所生活的世界可以用一条线来表示。直线国中的居民一旦出生，他们的邻居也就确定了，他们永远也无法越过自己的邻居与远处的爱人握手。但是，具备了在二维平面移动能力的平面国人，却可以轻松穿梭于直线国不同的区域。

11.1 问题

我们来看一个与直线国有关的问题：在数轴上，如果每次可以向左或向右移动 4 格或 6 格，那么最后能停到哪些位置上？如果每次可以向左或向右移动 2 格或 3 格，那么最后能停到哪些位置上？

我们可以通过程序来模拟这一过程。

11.2 程序模拟

我们首先以二维网格作为背景，在上面画一条数轴。

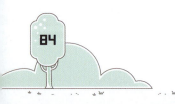

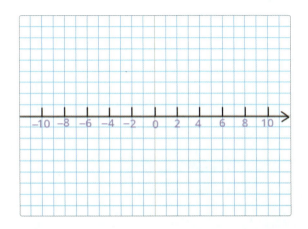

我们定义一个列表，名为"可用步长"，用于存放每一步可以选择的步长。每一次，我们都从中随机选择一个步长。比如，如果每一步可以跳4步或6步，那"可用步长"列表里就存放了4和6两个数。

对于跳跃方向，我们定义了两个变量，一个是 方向 ，另一个是 方向矢量 。方向是一个在1和2两个数字中取的随机数，1表示向右，2表示向左。获得了这个随机数后，我们将它转换成方向矢量，取值为1（向右）或−1（向左）。

每次生成了随机移动的方向和步长后，我们让角色从当前位置跳跃到目标位置。为此，我们自定义了一个自制积木，用于完成这一动作。

为了实现跳跃的效果，我们将角色首先换成漂浮的造型，然后先让角色逐步移动到最高点，每一次都将x坐标沿着跳跃方向移动，y坐标则向上移动；当角色移动到最高点后，再逐步回落，每一次依旧是将x坐标沿着跳跃方向移动，y坐标则向下移动，直至为0。下页给出了自制积木跳跃的代码，其中变量"当前位置"记录的是角色当前的x坐标。

```
定义 跳跃 方向 步长

换成 漂浮 ▼ 造型

将 I ▼ 设为 0

重复执行 10 次
    将 I ▼ 增加 1
    将 当前x坐标 ▼ 设为 当前位置 + 方向 * I * 步长
    将 当前y坐标 ▼ 设为 I * 5
    移到x: 当前x坐标 y: 当前y坐标
    等待 0.1 秒

重复执行 10 次
    将 I ▼ 增加 1
    将 当前x坐标 ▼ 设为 当前位置 + 方向 * I * 步长
    将 当前y坐标 ▼ 设为 50 - I - 10 * 5
    移到x: 当前x坐标 y: 当前y坐标
    等待 0.1 秒
换成 站立 ▼ 造型
```

如果是在一个左右无限的数轴上，我们只要执行下面的代码即可。

```
重复执行 10 次
    将 方向 ▼ 设为 在 1 和 2 之间取随机数
    如果 方向 = 1 那么
        将 方向矢量 ▼ 设为 1
    否则
        将 方向矢量 ▼ 设为 -1

    将 步长 ▼ 设为 可用步长 的第 在 1 和 可用步长 的项目数 之间取随机数 项
    跳跃 方向矢量 步长
    将 当前位置 ▼ 设为 当前位置 + 方向矢量 * 步长 * 20
    等待 2 秒
```

但由于我们的屏幕范围有限，无法向左或向右跳跃太多步。因此，我们需要限定跳跃的范围。一旦跳跃的目标位置超过了屏幕的范围，则不进行这一次跳跃，而是重新随机生成跳跃的方向和步长，直到目标位置位于屏幕范围内为止。

为此，我们定义一个 x 坐标绝对值的最大值，每次生成方向和步长后，都判断一下目标位置的横坐标是否越界。如果目标位置的横坐标越界了，就重新生成方向和步长。

11.3　记录与分析

我们先把步长设为 4 和 6，执行代码，并记录下角色能到达的位置。

0，−4，−8，−2，2，8，4，10，6，2，−2，−6，−10

我们发现角色永远也到达不了奇数位置！再把步长设为 2 和 3，执行代码，我们发现角色可以到达所有位置。为什么会是这样呢？

我们发现 4 和 6 的最大公约数为 2，而 2 和 3 的最大公约数为 1。由于我们从 0 的位置出发，假设在步长为 4 和 6 的场景下，向左和向右分别跳的次数如下表所示。

	步长为4的次数	步长为6的次数
向左	a	c
向右	b	d

那么，最后停住位置的 x 坐标为：$4b-4a+6d-6c=(b-a)\times 4+(d-c)\times 6$。由于 4 和 6 都是 2 的倍数，因此最后的位置一定是 4 和 6 的最大公约数（即 2）的倍数。那么，是否

每个最大公约数倍数的位置角色一定可以跳得到呢？

11.4 数学证明

一般地，如果两个步长 a 和 b 的最大公约数为 $(a,b)=k$，那么所能到达的点的坐标一定是 k 的倍数。这是因为，假设最后停下时，步长为 a 的角色向右走了 x_1 次，向左走了 y_1 次，步长为 b 的角色向右走了 x_2 次，向左走了 y_2 次，则角色最后停下的位置的横坐标为 $(x_1-y_1)a+(x_2-y_2)b$。由于 a 和 b 均为 k 的倍数，因此该坐标是 k 的倍数。

反过来，对于任何一个 k 的倍数 rk，我们证明一定存在一种跳法是可以帮助角色到达该点的，即存在整数 x 和 y 使得 $xa+yb=rk$。

由于 $(a,b)=k$，我们设 $a=pk$，$b=qk$，且 $(p,q)=1$。根据裴蜀定理，由于 p 和 q 互质，那一定存在两个整数 s 和 t 使得 $sp+tq=1$。将该式两边同时乘以 rk，即有 $sprk+tqrk=rk$，即 $srpk+trqk=rk$，即 $sr \times a+tr \times b=rk$。取 $x=sr$，$y=tr$，即满足 $xa+yb=rk$。因此，坐标轴上任何 $(a,b)=k$ 的倍数的点，角色都可以跳跃到。

从上面的这一分析过程还可以知道：如果给定的两个步长互质，那么角色就可以到达数轴上的任何整数点。

数学小知识：最大公约数及其求法

两个数 a 和 b 共同的约数叫作公约数，而这些公约数中最大的那个数叫作这两个数的最大公约数，记作 (a,b)。比如30和18的公约数有1、2、3、6，两者的最大公约数为6。求最大公约数的方法主要有辗转相除法、短除法和分解质因数法。

辗转相除法可以很方便地求两个自然数的最大公约数，它的基本理论是：如果自然数

$$a \geqslant b,$$

则

$$(a,b)=(b, a \bmod b)$$

比如，求78和60的最大公约数，过程如下。

$$(78,60)=(60,18)=(18,6)=6$$

上面的算法本身是用递归定义的，但可以很方便地用迭代程序编写出辗转相除法的代码。假如$a>b$，那么如果a是b的倍数，则$(a,b)=b$，否则，$a=b \times q+r$（$0<r<b$），我们做如下迭代：$a=b$，$b=r$，然后继续之前的计算即可。

利用分解质因数法也可以很方便地求多个自然数的最大公约数。例如，360和140分解质因数后如下所示。

$$360=2^3 \times 3^2 \times 5$$
$$140=2^2 \times 5 \times 7$$

则

$$(360,140)=2^2 \times 5$$

一般地，如果

$$x=p_1^{a_1} \times p_2^{a_2} \times \cdots \times p_n^{a_n}$$
$$y=p_1^{b_1} \times p_2^{b_2} \times \cdots \times p_n^{b_n}$$

则

$$(x,y)=p_1^{\min[a_1,b_1]} \times p_2^{\min[a_2,b_2]} \times \cdots \times p_n^{\min[a_n,b_n]}$$

这里，p_i为质数，$a_i \geqslant 0$，$b_i \geqslant 0$，$i=1,2,\cdots,n$，$\min[a_i,b_i]$表示取a_i和b_i中较小的那个。

思考题

现有两个容积分别为 15 升和 9 升的空容器。你可以做下面的操作：

（1）把一个容器灌满；

（2）将一个容器中的水全部倒空；

（3）将一个容器中的水倒入另一个容器中，直到一个容器满或另一个容器空为止。

请问，下面哪些容量无法通过上面的操作量出来？

A. 2 升

B. 6 升

C. 12 升

D. 上面的 3 个都可以量出来

12. 三门问题：让许多人困惑的结论

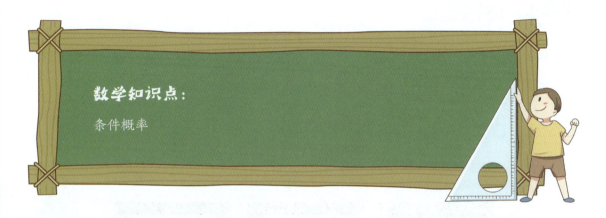

数学知识点：

条件概率

12.1 什么是三门问题？

参赛者会看见三扇关闭了的门，其中一扇的后面有一辆跑车，选中后面有车的那扇门可赢得该跑车，另外两扇门后面则各藏有一只山羊。当参赛者选定了一扇门，但未去开启它的时候，节目主持人开启剩下两扇门的其中一扇，露出其中一只山羊。主持人然后会问参赛者要不要换另一扇仍然关上的门。问题是：换另一扇门是否会增加参赛者赢得跑车的概率？

这个问题在美国引起了热烈的争议，包括一些博士在内的许多人都认为，换门和不换门的概率是一样的。理由大概如下：选定了一扇门后，如果主持人打开了另一扇有山羊的

门，那么跑车就在剩下的两扇门之间，概率就是1/2。

事实到底是不是这样呢？我们不妨先编个程序来玩一玩、试一试。

12.2 编程实现

我们的程序有7个角色：3扇门（门1、门2、门3），一位主持人，两个按钮（更换门和不换门），以及一个选中门的打钩符。

12.2.1 造型

每个门都有3个造型，分别为关闭、门后为羊、门后为跑车。

不换门按钮有两个造型，当被单击后，就变成粉色。

|不换门|不换门|

更换门按钮也有两个造型，当被单击后，就变成粉色。

|更换门|更换门|

12.2.2 代码

我们创建两个列表：门后物体、未选中有羊的门列表。门后物体列表的长度为3，用于存储每个门背后放的是羊还是跑车；未选中有羊的门列表存放第一次没有被选中且背后是羊的门的编号，即如果门第一次没有被选中并且背后是羊，那么就加入该列表，因此，这个列表的长度可能是1（第一次选中的门背后是羊）或2（第一次选中的门背后是跑车）。

门角色的代码

我们为每个门设定一个局部变量：门的编号。在初始化时，分别将3扇门的编号设为1、2、3。为了避免误单击门而触发不必要的响应，我们设定一个变量"点击门的次数"，初始值为0。只有当第一次单击门后才响应单击事件，后续的都被认为是无效单击。第一扇门的初始化代码如右图所示。

当第一次单击某扇门后，用变量"选中的门编号"记录下哪扇门被单击了，并广播"第一次门选择确定"消息，这条消息将由主持人来处理。

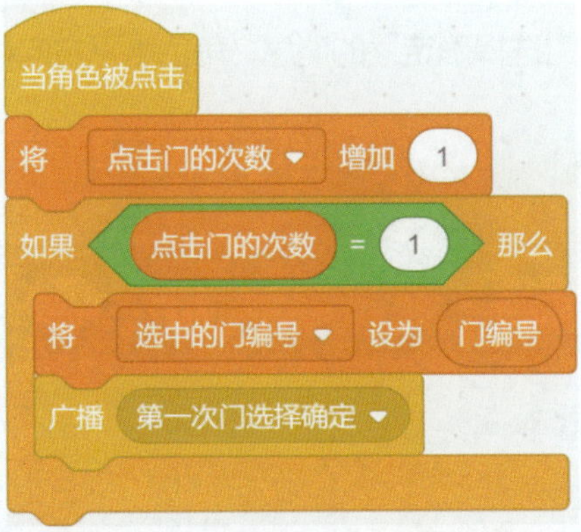

主持人会指定剩下的两扇门中背后有羊的那扇门，将门编号记录在"第一次打开门编号"变量中，并发送"打开一扇门"的消息。每个门角色接收到这一消息后，判断自己是否需要打开，如果是，那就换成门后为羊的造型。

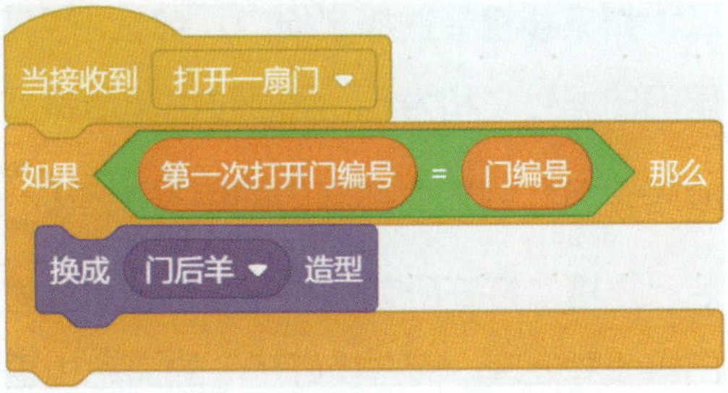

93

而如果门接收到了"打开所有门"或者"不换"的消息，那么就打开，即实现开门。

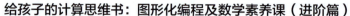

选中角色的代码

选中角色主要的任务是当用户第一次选定了门之后，或者决定换门之后，把打钩的图形移动到对应的门上方。

如果是接收到了"第一次门选择确定"的消息，角色水平方向移动到 -180 + 选中的门编号 - 1 × 160 。

如果参赛者选择了换门，那么首先要计算出换门后，换的是哪扇门。由于我们知道3扇门的编号之和为6，而同时也知道参赛者第一次选中的门编号和主持人第一次打开的门编号，因此剩下的那扇门的编号就是 6 - 选中的门编号 + 第一次打开门编号 。角色移动到指定位置后，广播"打开所有门"的消息和"换好了"的消息。其中，"打开所有门"的消息由3扇门接收并处理，而"换好了"的消息由更换门角色和主持人角色接收并处理。

```
当接收到 换▾
将 换的门编号▾ 设为 6 - 选中的门编号 + 第一次打开门编号
移到 x: -180 + 换的门编号 - 1 * 160 y: 90
将大小设为 60
显示
广播 打开所有门▾
广播 换好了▾
```

不换门角色的代码

当不换门按钮被单击时，广播"不换"消息。如果选中的门的编号等于有跑车的门编号，那么说"恭喜你获得跑车！"。

```
当角色被点击
换成 不换门2▾ 造型
广播 不换▾
如果 选中的门编号 = 有跑车的门编号 那么
    说 恭喜你获得跑车！
```

更换门角色的代码

当角色被单击时，广播"换"消息，选中角色接收到该消息后将移动到被换的那扇门上方。

当接收到"换好了"的消息时，根据换的门编号和有跑车的门编号是否相等，确定是否恭喜参赛者获得跑车。

```
当角色被点击
换成 更换门2▾ 造型
广播 换▾
```

```
当接收到 换好了▾
如果 换的门编号 = 有跑车的门编号 那么
    说 恭喜你获得跑车！ 2 秒
```

主持人角色的代码

当小绿旗被单击时，首先随机选定一个门，在背后放上跑车，这扇门的编号被记录在变量"有跑车的门编号"中，其余两个门背后则放上羊。

当主持人接收到"第一次门选择确定"消息时，需要在剩下的两扇门中选择一个有羊的门打开。为此，首先遍历所有的门，将满足要求的门加入"未选中有羊的门列表"，然后在这个列表中随机选择一个，将其编号记录在"第一次打开门编号"变量中，然后广播"打开一扇门"消息。

```
当 🚩 被点击
移到 x: 220 y: 140
删除 门后物体▼ 的全部项目
删除 未选中有羊的门列表▼ 的全部项目
将 有跑车的门编号▼ 设为 在 1 和 3 之间取随机数
将 i▼ 设为 1
重复执行 3 次
    如果 i = 有跑车的门编号 那么
        将 跑车 加入 门后物体▼
    否则
        将 羊 加入 门后物体▼
    将 i▼ 增加 1
隐藏
```

```
当接收到 第一次门选择确定▼
将 I▼ 设为 1
重复执行 3 次
    如果 I = 选中的门编号 不成立 与 门后物体▼ 的第 I 项 = 羊 那么
        将 I 加入 未选中有羊的门列表▼
    将 I▼ 增加 1
将 第一次打开门编号▼ 设为 未选中有羊的门列表▼ 的第 在 1 和 未选中有羊的门列表▼ 的项目数 之间取随机数 项
广播 打开一扇门▼
```

当主持人接收到"不换"消息时，界面上直接显示当前选中的门的编号。

如果接收到了"换好了"消息，则显示更换的门的编号。

12.3 试验与分析

我们可以手动来玩一玩上面的游戏。我给出了每次不换门（或换门）的30次试验结果。30次试验每次都不换门，获得跑车的次数为12次。30次试验每次都换门，获得跑车的次数为21。可以看出，换门和不换门获得跑车的可能性好像不太一样。

如果希望让程序自动来做这个试验，那么我们可以给出下面的代码，用于统计100次试验每次都不换门获得跑车的次数，运行5次的结果分别是31、29、35、40、37。

如果要统计每次换门获得跑车的次数，只需要把最后 选中的门编号 = 有跑车的门编号 的判断条件改成 选中的门编号 = 有跑车的门编号 不成立 。这是因为，如果当前选中的门背后不是跑车，那么说明跑车一定在另两扇门背后，由于主持人打开了一扇不是跑车的门，那么剩下的那扇门背后一定是跑车。改完后，运行5次的结果分别是72、66、68、62、68。

上面的试验结果表明，换门和不换门获得跑车的概率是不一样的。换门后获得跑车的概率能达到2/3，而不换门概率只有1/3。

其实，这个结论并不难解释。由于一开始选定了一扇门，这扇门背后是跑车的可能性就是1/3，后面不管主持人打开哪扇门，这个概率不会变，因此不换门获得跑车的概率就是1/3。

所选择的门	剩下的门1	剩下的门2	结果
🐐	🐐	🚗	🐐
🐐	🚗	🐐	🐐
🚗	🐐	🐐	🚗

那换门后获得跑车的概率为什么是2/3呢？我们不妨也列个表。可以发现，最后获得跑车的概率就是2/3。其实，一开始3扇门背后是跑车的概率都是1/3，但主持人打开了一扇背后是羊的门后，未被选中的两扇门背后是跑车的概率都叠加到了一扇门上，因此这扇门背后是跑车的概率就变为了 $\frac{1}{3} \times 1 + \frac{1}{3} \times 1 + \frac{1}{3} \times 0 = \frac{2}{3}$。

所选择的门	剩下的门1	剩下的门2	结果
🐐	🐐	🚗	🚗
🐐	🚗	🐐	🚗
🚗	🐐	🐐	🐐

还在犹豫什么，赶紧用这个编好的程序来考一考你身边的朋友吧！